Popularity Candy

一學就會！
60款人氣糖果
輕鬆做出甜蜜好味道

作者序

首先感謝出版社邀請我出書，讓我有機會將這些年的教學經驗分享給大家。

記得小時候我很愛吃，對研究美食很有興趣，我看到的第一本食譜書是傅培梅食譜，一本爸爸所買的宴客菜食譜，我時常拿出來製作，但當時對於一些烘焙的材料並不易買到，直到 18、19 年前坊間開始出現烘焙材料店，才可買材料回家 DIY，使得材料的取得方便許多。

起初是買食譜材料回家製作，我最常作的是戚風蛋糕，一開始作就沒有失敗過。於是越做越有興趣，當時那裡的材料店有烘焙的課程我就到那裡上課，於是陸續考了丙級和乙級證照，之後也透過朋友的介紹進入學校和救國團教烘焙課，一路走來不知不覺已快過 18 年。

為什麼我會在這麼多的烘焙品項中挑選出以糖果類為主題來出書呢？是有原因的，其實我學習糖果的製作很早，且喜歡吃糖，但坊間當時相關書籍很少，相關教學的老師更少，在一次的糖果課程中只學了二種糖果，便開始了我對糖果的研究。

我喜歡變化口味，讓糖漿增加或減少，再配合各種不同的堅果和果乾，做出不同的味道。但是一個先決條件，那就是要變化口味前，必須先把原本的基本口味做好，做出心得了再予以變化，否則貿然試驗，只會浪費食材，而得不到好的效果。

研究新的口味是不容易的，通常要先想出你想要變化的口味和那種食材可以搭配，是否會太衝突，還是想別出心裁做出與眾不同的味道，這些我都會在腦中先構思，再拿配方做紙上練習，看是否可行。若可行就先少量試做，研發是很耗時間的，每次研究新產品都會請周邊朋友先試吃，大家如果都可接受的話那就算成功！

這些年來的教學中，總有學生提出相同的問題，而這些問題最重要關鍵就於「溫度」。溫度是煮糖成敗的關鍵，所以想藉由出書來和大家分享多年的經驗，也感謝各位同學、朋友及材料店老闆的支持，在往後的日子大家互相切磋和經驗分享，也希望還不會做的朋友這本書能帶給你們新的契機，或許將來也能因為製做糖果而創業，給你帶來一點額外的小收入哦！

陳佳美

教學資歷與經歷

證照

烘焙丙級技術士證
烘焙乙級技術士證
中餐丙級技術士證
美國惠爾通蛋糕裝飾證照
英國 PME 糖花、拉線、翻糖修業證照

曾任

莊敬中學委外班烘焙教師
景美救國團麵包西點烘焙教師
永平工商西點烘焙教師
金甌女中西點烘焙教師
大同大學烘焙社教師
艾佳食品烘焙教師
大興高中餐飲烘焙教師

現任

全國食材烘焙教師
以琳企業社食品研發

目錄

糖果製作常識

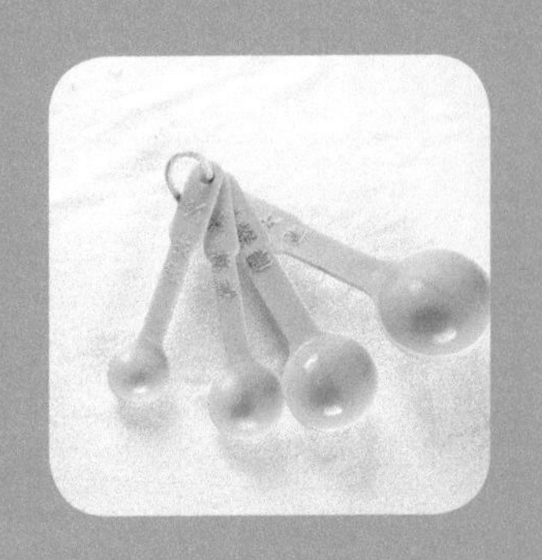

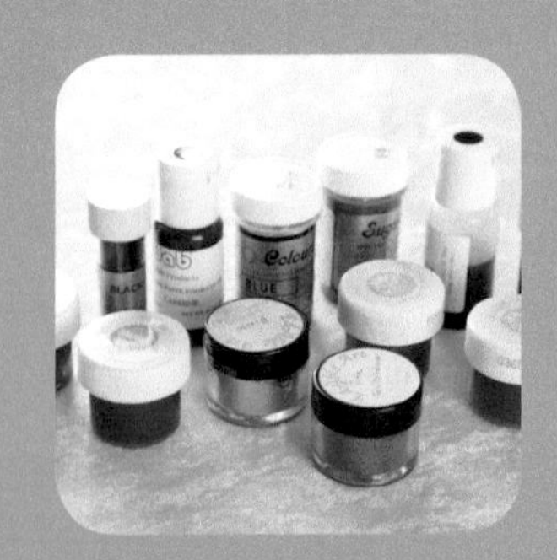

[基本常用工具]

01

[不鏽鋼盆]

用來盛裝材料，或打蛋和拌合的容器，有大小各種尺寸，在書中常用來煮糖漿。

02

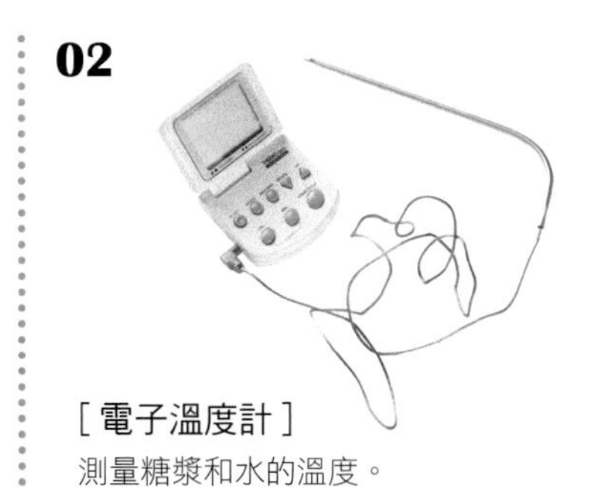

[電子溫度計]

測量糖漿和水的溫度。

03

[擀麵棍]

用來擀和麵皮，書中常用於擀平糖團。

04

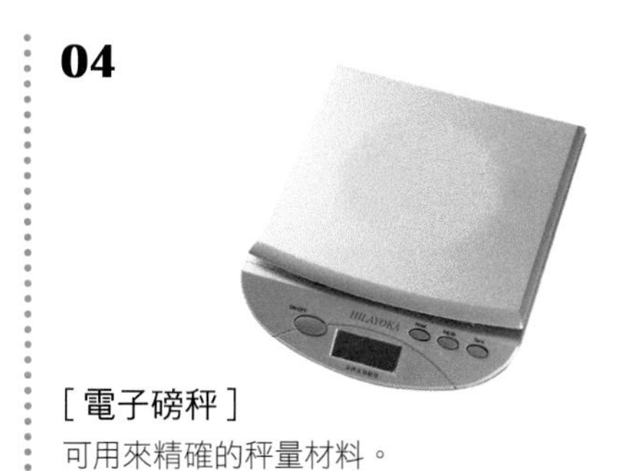

[電子磅秤]

可用來精確的秤量材料。

05

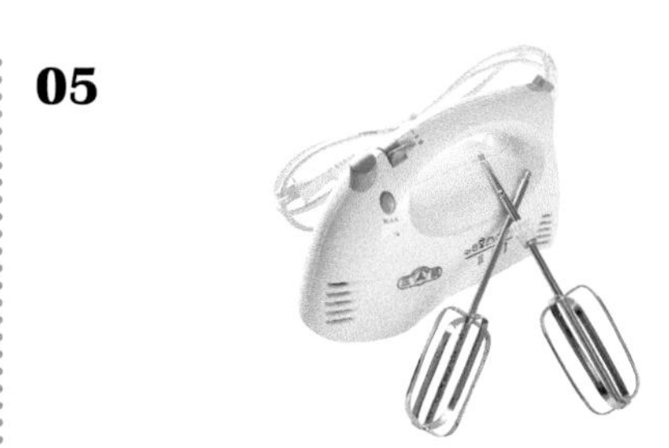

[攪拌機 （ 小 ）]

桌上型的攪拌機，用來攪打少量的材料。

06

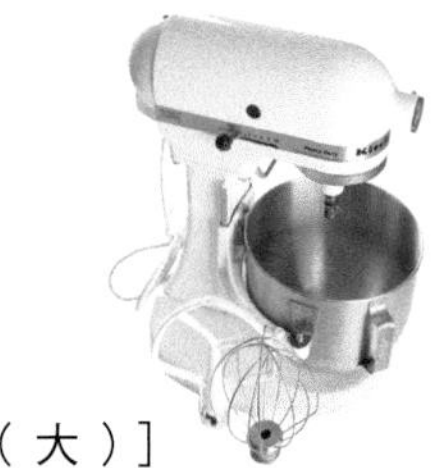

[攪拌機 （ 大 ）]

有別於桌上型的攪拌機，大型的適合用於量多的材料拌打。

07

[打蛋器]

用於混合水、奶油、麵糊的拌合使用。

08

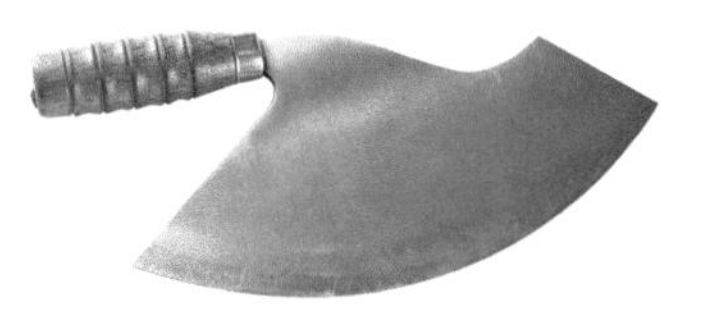

[糖刀 （ 傳統、舊式 ）]

多為彎月型，切糖時要以手出力切下，書中多半把它用來切酥糖。不適合用來切牛軋糖，易黏刀，切多容易手痛。

09

[新型手工裁糖刀]

作者為了使切糖果方便而研發出的產品，用來切牛軋糖或棗泥核桃糖等黏度較高的糖果。其獨特的刀鋒設計使切糖果變成輕鬆的事，不用插電、無燥音，是小型工作室的利器。

10

[菜刀]

可用來切各種的食材。

11

[砧板]

切糖果或各種食材時，將其墊在桌上比較好切，方便整理，也不會切傷桌面。

12

[糖盤]

目前市面上有 3 斤和 5 斤的大小，因為糖盤的高度為糖果適當的高度 1.2 公分，因此對於煮好的糖果拌合、壓盤後高度會較一致。
（一斤＝ 600 公克）

13

[防沾布]

煮好的糖團倒在防沾布上防沾黏，又可揉合使糖團均勻。

14

[矽利康片]

比防沾布厚，也是耐烤的材質。由於防沾布易破，下面必須再墊一片矽利康片才比較不會破。

15

[木匙]

煮糖漿使用鐵弗龍鍋時，用來攪拌糖漿或糖糊，使其較不會將鍋子刮傷。

16

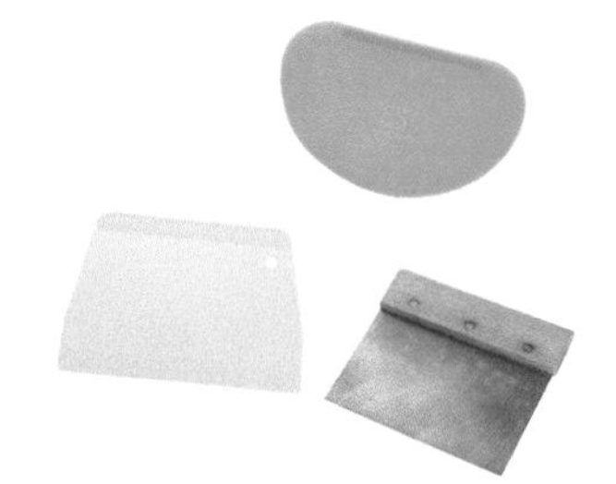

[刮板]

可用來刮取缸盆上的麵糊或糖漿。

17

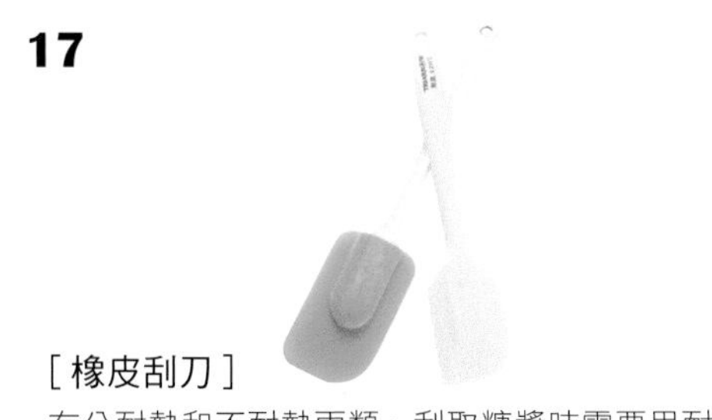

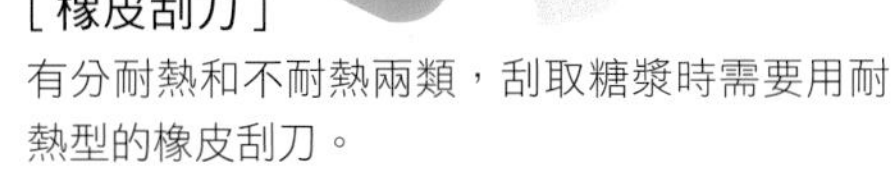

[橡皮刮刀]

有分耐熱和不耐熱兩類，刮取糖漿時需要用耐熱型的橡皮刮刀。

18

[量杯]

秤量材料和水量時使用。

19

[量尺]

用在裁切糖果時，可丈量出正確的尺寸。

20

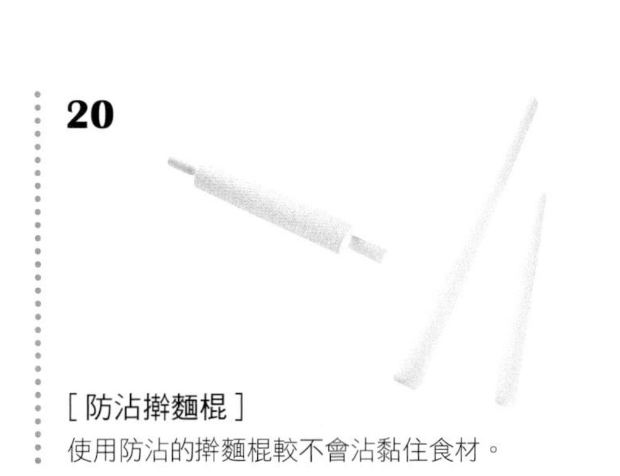

[防沾擀麵棍]

使用防沾的擀麵棍較不會沾黏住食材。

21

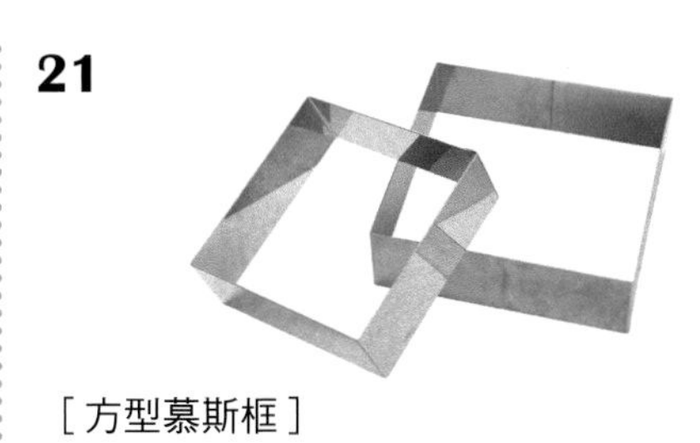

[方型慕斯框]

糖漿或麵糊倒入框中凝固，再取出切塊，因為是方型，較好切出所需的方型尺寸。

22

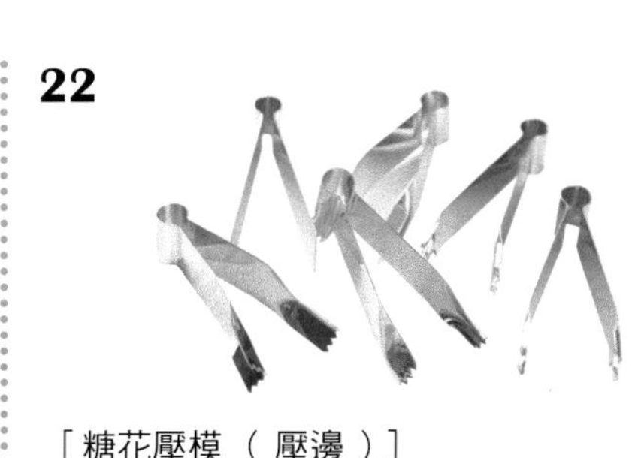

[糖花壓模 （ 壓邊 ）]

用於糖團壓平後壓出花邊的工具。

23

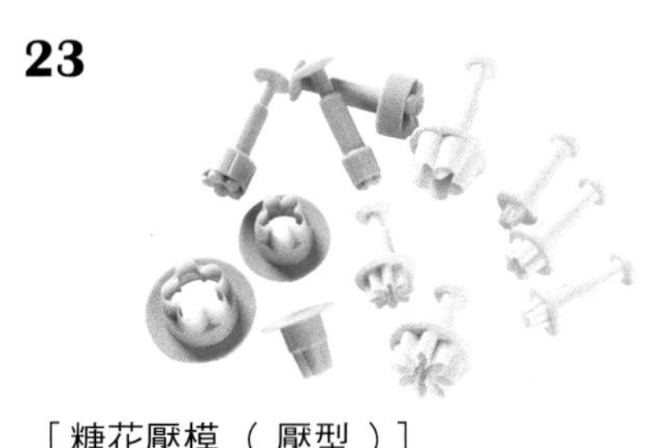

[糖花壓模 （ 壓型 ）]

用於糖團壓平後壓出型狀的工具。

24

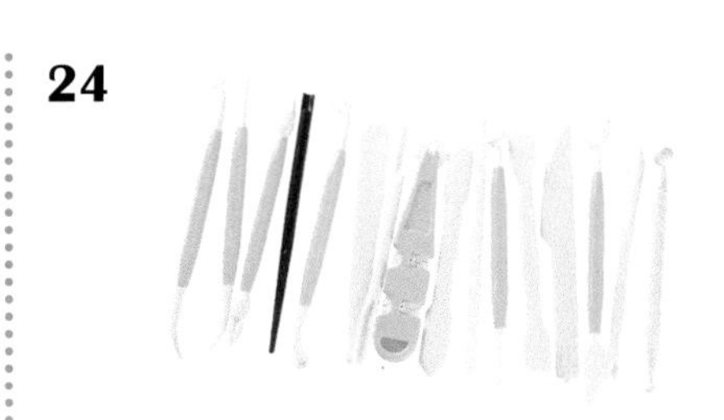

[糖花用工具]

製作糖花的花樣或人偶造型時所使用的工具。

25

[擠花袋]

糖霜或鮮奶油裝入擠花袋中，較好擠出所需的造型。

26

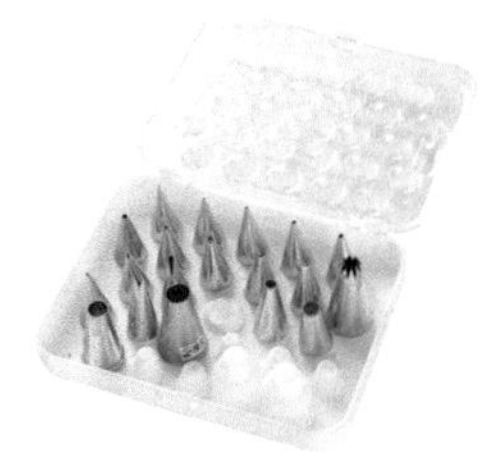

[花嘴]

有各種不同的造型，使擠出的奶油或糖霜產生不同的花紋。

27

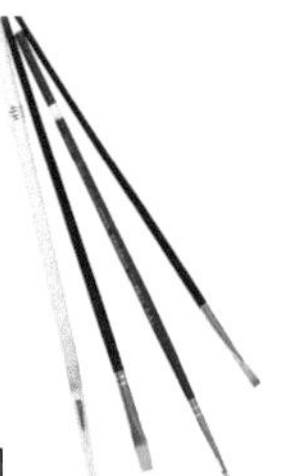

[細毛筆、水彩筆]

本書中使用於著色細部的線條，如花蕊或人偶的眼、嘴等。

28

[鐵弗龍鍋]

煮糖漿時較不會燒焦和黏鍋。

29

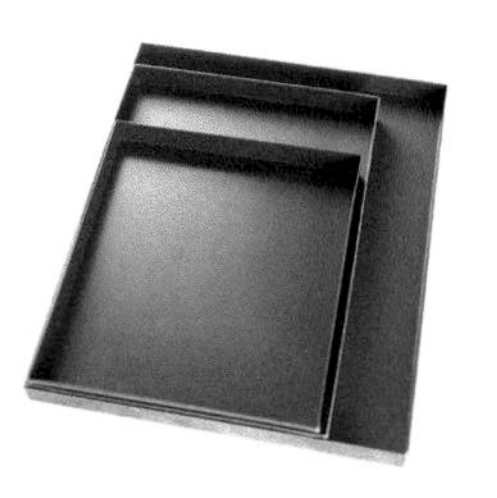

[烤盤]

用於放進烤箱內來烘烤各種食材的盛裝容器。

30

[咖啡攪拌棒 （ 木質 ）]

本書中用於蛋白糖的支桿。

31

[西點刀]

切麵包、蛋糕及各食材的刀具。

32

[鐵篩網]

用於過篩麵粉、糖粉，將有結顆粒的粉類篩細，消除顆粒。

33

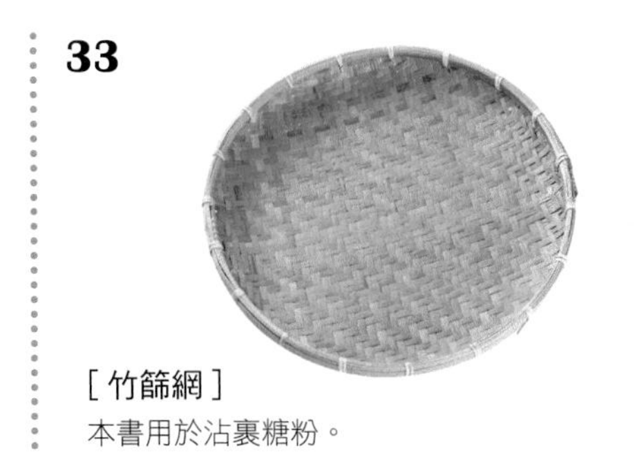

[竹篩網]
本書用於沾裹糖粉。

34

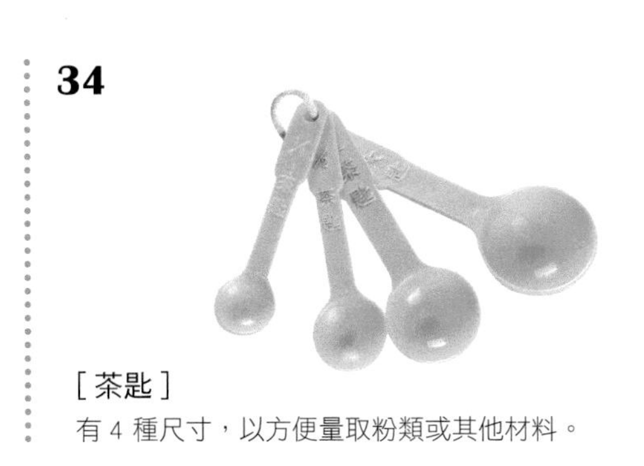

[茶匙]
有 4 種尺寸，以方便量取粉類或其他材料。

35

[雪平鍋]
烹煮或加熱食材時使用。因為傳熱快，又有把手方便使用。

36

[叉子]
本書中使用於沾裹加熱融化巧克力。

37

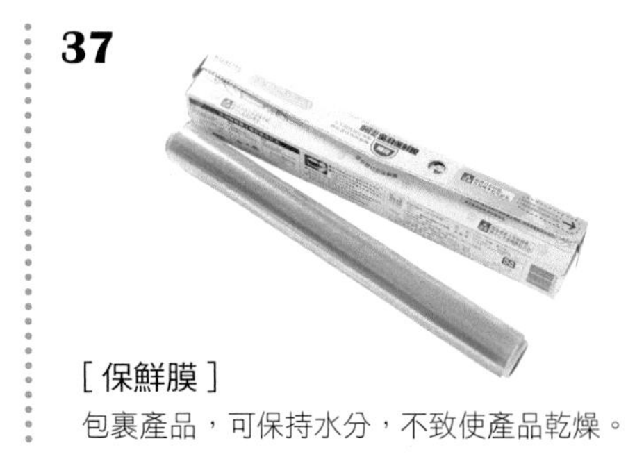

[保鮮膜]
包裹產品，可保持水分，不致使產品乾燥。

38

[耐熱手套]
在端取烤盤或加熱過的食材時，防止手部燙傷。

39

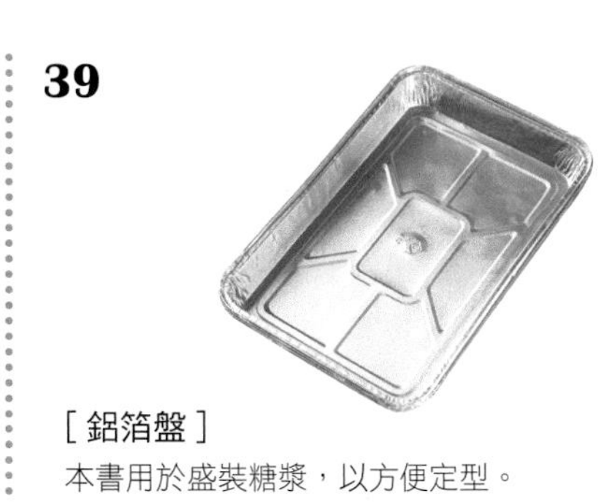

[鋁箔盤]
本書用於盛裝糖漿，以方便定型。

40

[烤盤油]
噴於容器上，使糖團或麵團等食材倒入時較不會沾黏烤盤。

[常用食材]—粉類

基本粉類

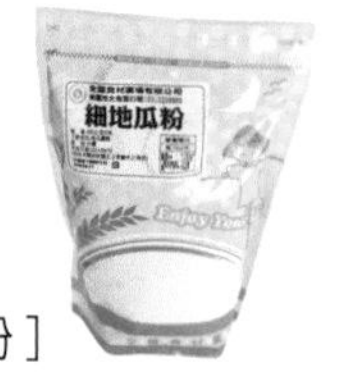

[細地瓜粉]

製作肉圓的材料，也可用來勾芡。書中用來凝結食材，增加Q性，勿加過多避免成品太硬。

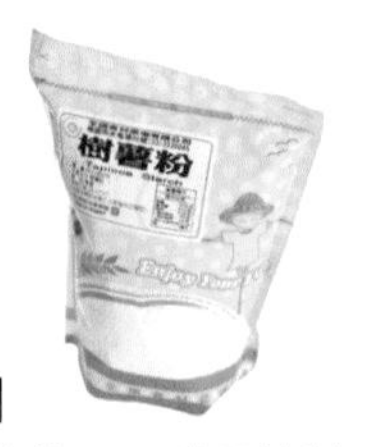

[樹薯粉]

可使成品較軟Q。常用於製作地瓜圓和芋圓。

[糯米粉]

製作湯圓的材料。糯米粉製作的產品，經油炸後會有較酥脆的口感。

[蘇打粉]

可使產品膨大，常添加於蛋糕、餅乾中，也可中和酸性。

[碳酸氫氨（ 銨粉 ）]

俗稱阿摩尼亞。常用於油條中，具有使產品膨大和酥脆的效果。

[泡打粉]

可使產品膨大，常使用於製作蛋糕。

[泰勒膠粉]

較常使用在翻糖類的產品。其加入翻糖中可使糖團變Q，風乾後較硬，容易定型。

[低筋麵粉]

常用於餅乾、蛋糕的製作。

[調和蛋白粉]

為糖粉和蛋白粉的調和粉，加入水打發後即可使用。用於製作糖花。

[義大利蛋白粉]

除可用來黏合薑餅屋或製作西點外，也很適合取代牛軋糖中的新鮮蛋白。

[寒天粉]

即洋菜粉。製作果凍、西點、糖果時凝結材料用。

[糯米紙粉]

糯米紙磨成粉狀，沾裹糖果外觀，防潮濕、防沾黏。

調味粉類

增加風味和香氣。

[紅辣椒粉]

為辣椒曬乾磨成粉，是常用的調味品。

[咖哩粉]

一種非單一成分的香料，其中含有有薑黃、豆蔻粉、咖哩葉等，為料理中常用到的調味料。

[花椒粉]

為花椒粒炒香後研磨成粉，常用在調味提香，口感為麻。

[粗粒黑胡椒]

為胡椒粒炒香後研磨成粉，常用在調味，口感為辣。

[孜然粉]

為新疆、蒙古一帶常用的香料。

[濃香五味粉]

它非單一成分的香料，含有八角、丁香等多種香料磨粉而成。

[意大利調味香料]

為製作義大利麵、披薩常用的調味粉。

[香蒜粉]

蒜頭烘熟後研磨成粉。

[白胡椒粉]

白胡椒粒炒香後研磨成粉，常用在調味上，口感為辣。

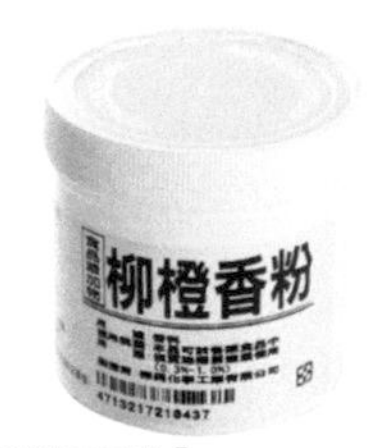

[柳橙香粉]

為增加柳橙水果香味的調味粉。

[抹茶粉]

以日式的抹茶烘乾磨粉，為日式點心常用的材料。

[奶粉]

用途很廣泛，常用於中式和西式點心，增加風味和營養。

[金黃起士粉]
為進口的食材，起士粉中添加了胡蘿蔔素。

[墨西哥調味粉]
多種香料粉混合而成，含有起士粉、辣椒粉等。

[海苔粉]
海藻烘乾後絞碎，有分粒和細末。

[咖啡粉]
最好選用細粉狀的即溶咖啡粉。

[可可粉]
為可豆豆抽除可可脂後磨成粉，常用來做糕餅等甜點。

[韓國辣椒粉]
韓國進口的辣椒粉風味較香。

[南瓜粉]
南瓜蒸熟烘乾磨成粉，為天然的食材。

[甜菜粉]
甜菜根烘乾後研磨成粉，烘焙用；若將其拿來蒸煮產品容易褪色。

[番茄粉]
番茄去皮去子，烘乾磨粉。

[玫瑰花粉]
需用無農藥的玫瑰花研磨。

[黑芝麻粉]
為天然的食材，常食用有益身體健康。

糖粉 & 糖漿類

[細砂糖]
調味劑的一種，可增加產品的甜度。

[紅糖]
俗稱黑糖，不僅可以增加產品色澤，還具有特殊味道與香氣。

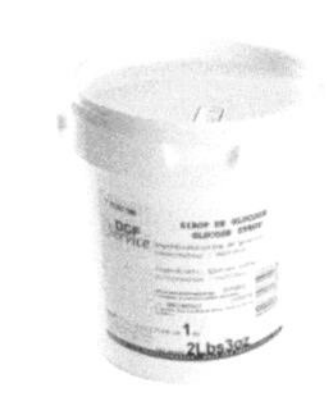

[葡萄糖漿]
製作水果軟糖，保持糖果的濕度與軟度。

[麥芽糖]
製作糖果必用的基底，可使糖果產生延展性；以小火加熱到１４０℃時可使糖果變脆。

[楓糖漿]
增添產品風味。

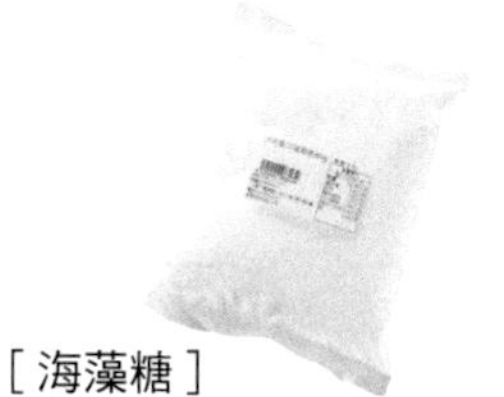

[海藻糖]
多為日本進口，比砂糖甜度少了４５%，可取代砂糖使用但價格較貴。

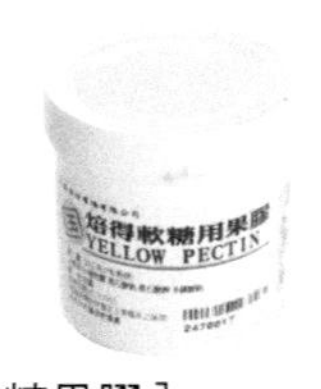

[軟糖果膠]
有分「慢凝型」和「快凝型」，製作軟糖類常用快凝型。

[美國糖粉]
較市售的糖粉細白，使用時需過篩，否則易結塊。

[轉化糖]
製作棉花糖使用，打發性較佳，保濕度較好。

[西式轉化糖漿]
添加於製作米香的糖漿中，使成品光澤度佳。

[翻糖]
可直接加入色素揉合，作為蛋糕的裝飾，或加入泰勒膠粉揉合成可捏花朵或造型的材料。

[糖粉]
增加產品色澤和延緩老化。

蔬果乾&蔬果泥類

蔬果乾 為近年來常見的零食，是蔬果經由烘乾和彭化的技術而製成。在迪化街或販售零食的商店都有販售。

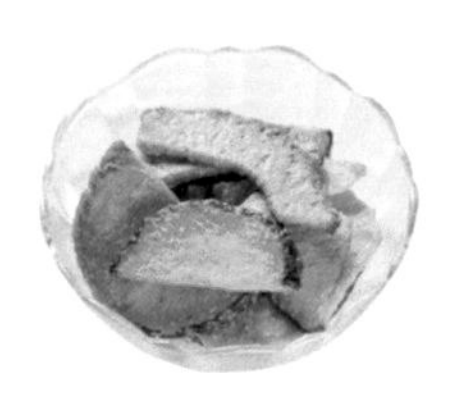

[乾燥南瓜片]
南瓜切片後經烘乾和彭化的技術，拌入些許調味料而成。

[乾燥香菇片]
香菇整朵脫水後烘乾、彭化後，撒入些許調味料調味。

[乾燥山藥條]
紫色山藥去皮後切條狀，經烘乾、彭化後，拌入調味料而成。

[乾燥地瓜條]
地瓜去皮後切條狀，經烘乾、彭化的程序，撒入調味料即可保存。

[乾燥秋葵]
秋葵整條經烘乾、彭化後，拌入調味料保存。

[乾燥四季豆]
四季豆切成段，烘乾與彭化後，撒入調味粉即可。

[乾燥蔓越莓乾]
為新鮮的蔓越莓曬乾後切片。

[乾燥草莓]
新的冷凍乾燥法，將水分去除，其剖面切開還保有草莓心的紋路。

[乾燥玫瑰花瓣]
為進口無農藥的食用花瓣。別於一般觀賞用的玫瑰花。

[乾蔥末]
新鮮的蔥切細末後進行乾燥。

[油蔥酥]
製作料理常用的食材，也可加入糖果中。

[果泥]
新鮮水果經高溫殺菌後所製成，常用於甜點製作中。

蔬果泥 便於添加在糖果中。

[玫瑰荔枝果泥]
一種煮製濃縮的荔枝果泥加入覆盆子果泥混合而成，在大型烘焙材料行都可買到。

[地瓜泥]
將地瓜蒸或烤後，再去皮壓成泥。

[薑泥]
薑去皮後，以研磨器磨成泥。

其他

[沙拉油]
大豆提煉而成的食用植物油。

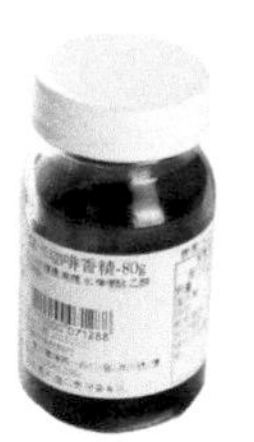

[咖啡精]
製作甜點、糖果時使用，增添咖啡香味。

[檸檬酸]
為天然的防腐劑，可加入食物中。

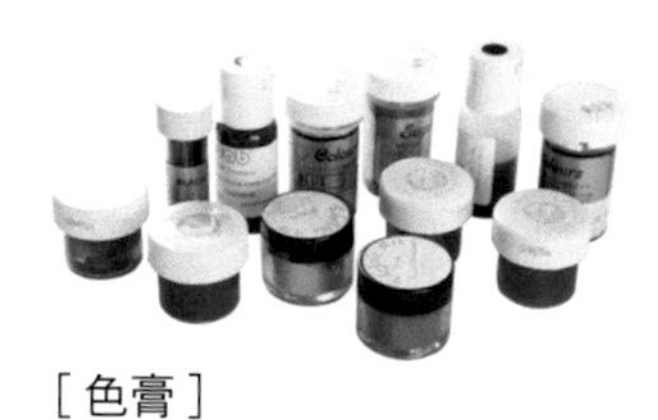

[色膏]
添加在蛋白糖團中，調和出不同顏色的糖團。

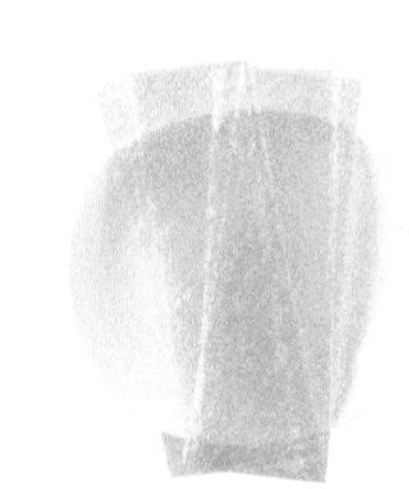

[吉利丁片]
用於凝結食材。

[紅茶包]
書中用於增添牛軋糖不同的風味。

[乾燥櫻花蝦]
料理中常出現的食材，也可添加於糖果中。

[糯米餅]
用糯米粿粹經高溫熱膨脹後的產品。

[蘇打餅乾]
書中用於包夾牛軋糖，增添風味。

[芝麻豆沙]
多用於甜點中的內餡，一般烘焙材料行都有販售。

[棗泥豆沙]
為內餡的一種，一般烘焙材料行都有販售。

[棗泥醬]
由紅棗或黑棗泡水、蒸熟、研磨去皮後留下果肉泥，可購買於一般烘焙材料行。

[苦甜巧克力]
加熱融化後，常用於各類甜點與糖果中。

[蜜之果]
一種蜜漬過的果乾。

[蛋白]
製作蛋白霜時使用。

[鹽]
調味劑的一種。

[橄欖油]
製作料理常用的植物油。

[奶油]
增添香味。

雜糧堅果類

堅果類放入烤箱中烘烤，原則上是以上下火 １５０℃烘烤約 １５ 分鐘，但因不同的烤箱烤溫的誤差值約上下 １０℃左右，因此烘烤過程中可依堅果上色的情況而定，也可試吃判別是否烤熟。

[膨化的紫米]
由高溫加熱的方式，使紫米膨脹熟化。

[膨化的白米]
以高溫加熱的方式，使白米膨脹熟化。

[核桃]
又稱胡桃，富含脂肪與蛋白質。

[黑芝麻粒]
又稱胡麻，含油量高。

[生花生]
油質與蛋白質含量豐富，常用於料理中。

[熟花生]
油質與蛋白質含量豐富，但不宜吃過多。

[杏仁]
具抗氧化的功用，為抗老化的食材之一。

[南瓜子]
擁有高含量的鋅，可加入糕點製作中。

[杏仁片]
杏仁去皮後切片，方便用於製作糖果。

[夏威夷豆]
也可稱為火山豆，富含不飽和脂肪酸。

[花嘴示範教學]

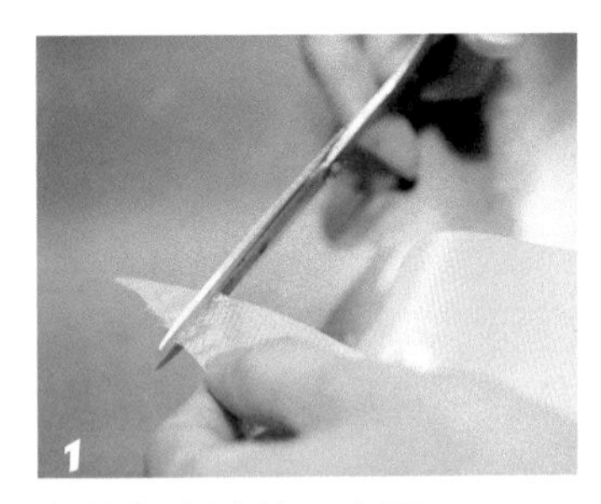
擠花袋尖端剪一小洞。

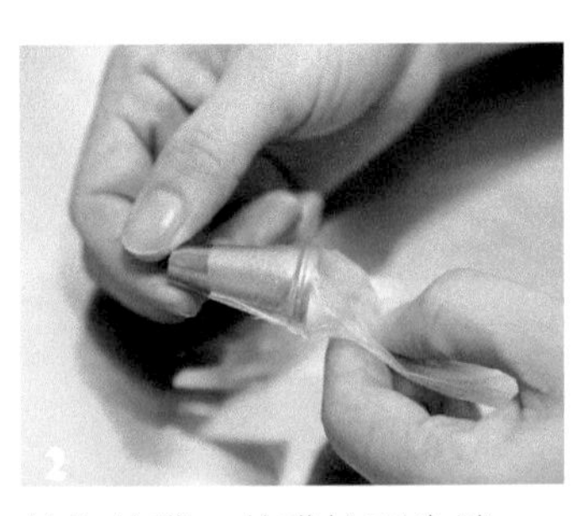
放入花嘴，花嘴拉至尖端。

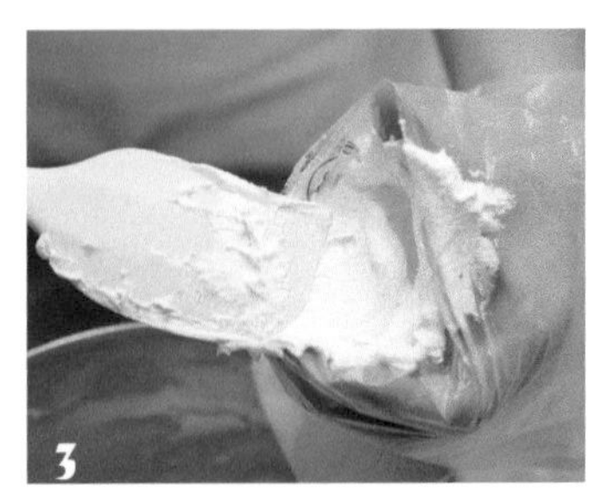
撐開擠花袋，填入餡料。

餡料慢慢擠至前端。

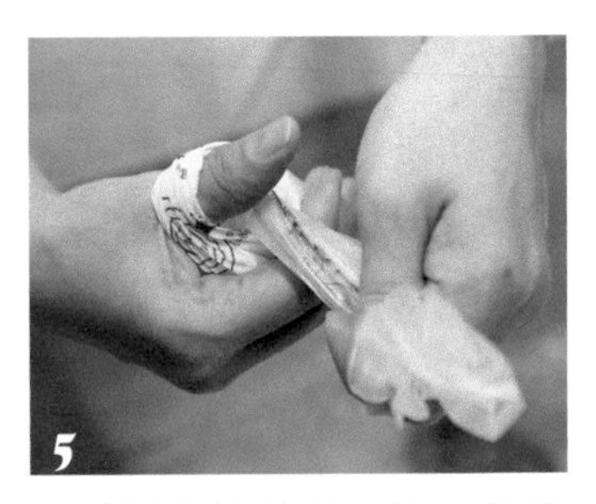
右手握住擠花袋，擠花袋後端部分以大拇指繞一圈固定。

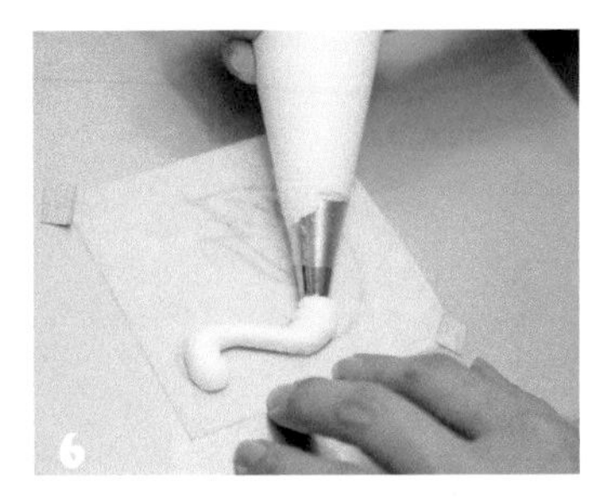
固定後控制力道即可擠出餡料或想要形狀。

Candy's Note

轉接頭：
由於不同型號的花嘴，接頭大小不一，轉接頭為方便擠花袋可以接上不同的花嘴以利使用。

擠花袋教學

1. 擠花袋尖端剪一小洞，裝上轉接頭。
2. 轉接頭轉上所需要的花嘴。

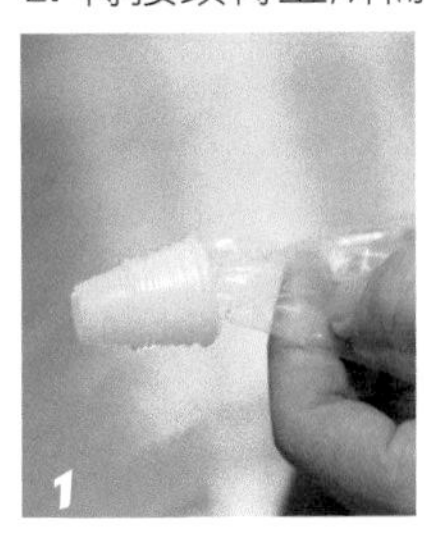
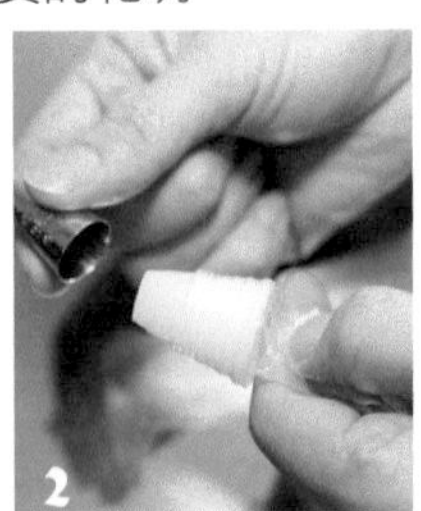
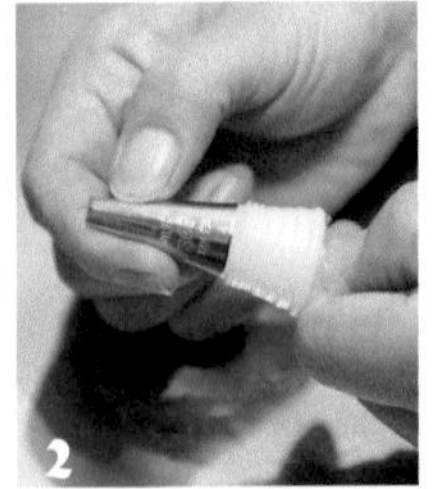

[糖漿溫度與糖果的關聯性]

煮糖漿為製作糖果中極為重要的一環，不同種類的糖果需要以不同溫度的糖漿來製成；此外，一年四季，季節氣候的變化也會導致煮糖漿的溫度有所差異。因此，製作糖果之前，就先了解糖漿溫度的變化！

糖漿溫度的辨別

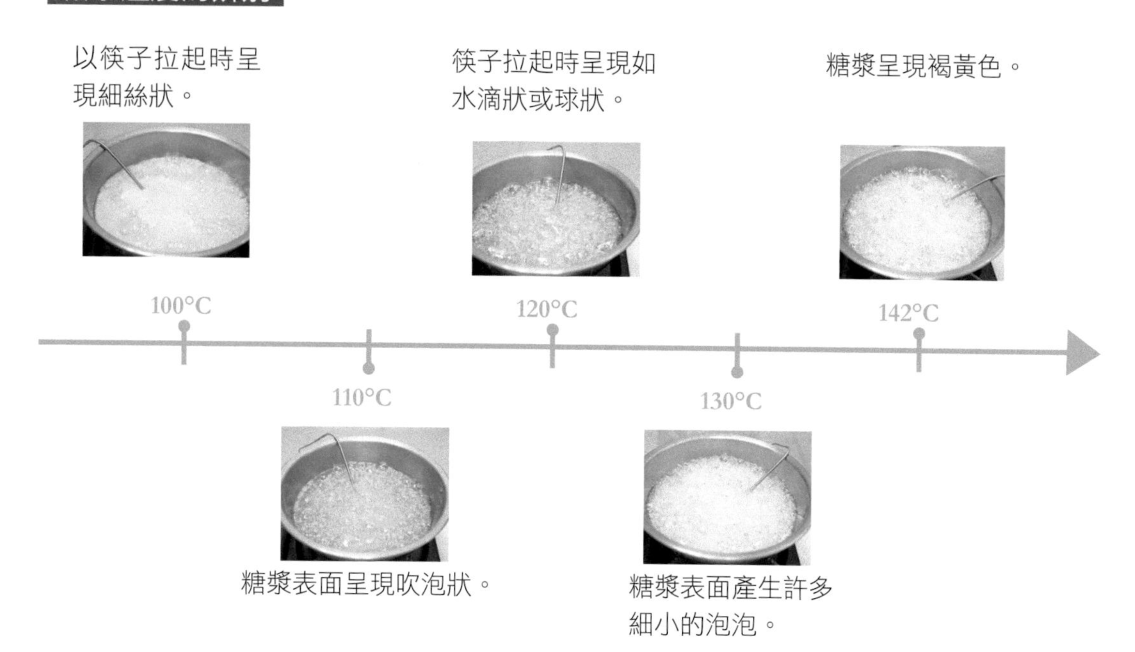

糖漿的溫度與糖果的種類

煮糖漿的所需溫度	製成的糖果
110～112℃	貢糖
112～113℃	棉花糖
115～118℃	油炸類
107～120℃	軟糖

煮糖漿的所需溫度	製成的糖果
120～125℃	包餡糖果類
夏天130～136℃ 冬天125～130℃	牛軋糖
	牛軋糖
140～142℃	酥糖、米香類

注意事項

1. 煮糖漿時一定要以中小火煮，否則容易使糖漿泛黃，產生褐變導致苦味。
2. 電子溫度計一定要插入煮糖漿的鍋中，精準的測量所需的糖漿溫度。
3. 煮糖漿時，不小心使鍋邊產生焦黑，可將刷子沾水刷鍋邊。
4. 煮牛軋糖的糖漿，由於季節氣候的不同，因此夏天時糖漿溫度需較高，避免製成的糖果在炎熱的溫度下易融化。

Part 1

| 酥 | 糖 | 類 |

| 杏仁酥糖 |

01

成品數量

35x25 公分的烤盤一盤

材料

A

細砂糖 135 公克
海藻糖 100 公克
水麥芽糖 260 公克
水 110 公克
鹽 5 公克

B

杏仁片 930 公克
白芝麻（熟）40 公克

作法

1.

將杏仁片放入鋼盆中送入烤箱，烤溫以上下火 150℃烤熟，加入白芝麻後以上下火 100℃保溫備用。

2.

材料 A 放入缸盆中以中火加熱至 142℃為糖漿，待溫度到達即刻關火。

Tips:
中途要以毛刷沾水刷鍋邊，防焦黑，並以電子溫度計測量糖漿溫度。

3.

烤盤噴上烤盤油，倒入作法 1 以鍋鏟快速翻動拌勻。

4.

作法 3 壓平整形，待 2 ～ 3 分鐘後，用糖刀趁熱切塊，完全冷卻後再包裝。

Candy's Note

- 製作酥糖類的糖果時，不可用擀麵棍擀壓糖團，容易使糖團太過於扎實，失去酥糖的酥、脆、鬆的口感。
- 包裝糖果的盒子或夾鏈袋中最好放一包乾燥劑，可延長保存期限，因為台灣的氣候容易導致糖果受潮。

花生貢糖

成品數量 2斤

材料

A

水　60 公克
細砂糖　80 公克
水麥芽　350 公克
鹽　3 公克

B

花生粉（熟）750 公克

C

黑芝麻粉 100 公克
碎花生粒 100 公克

作法

1.

將花生粉放入烤盤中築成一座粉牆備用。

2.

材料 A 放入小鍋中加熱至 110 ～ 112℃為糖漿。

3.

糖漿降溫後，待像麥芽糖的稠度時，倒在作法 1 中，再以周圍的花生粉覆蓋。

4.

輕輕地先從糖團兩側往內撥，以摺疊法的方式，以手指分成 3 等分，由兩側往內摺，摺 3 摺。

Tips:

擀摺時需保留層次感，品嘗才會產生綿鬆的口感，不會過於扎實。

5.

以擀麵棍將糖團擀開，重複作法 4 的動作 3 ～ 4 次後，再擀開糖團，對切成半。

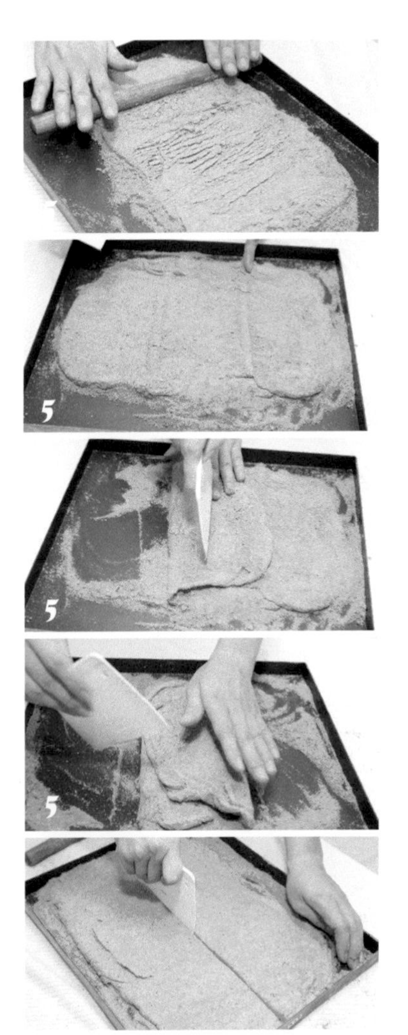

6.

加入材料 C 捲成圓柱狀，壓緊塑形。

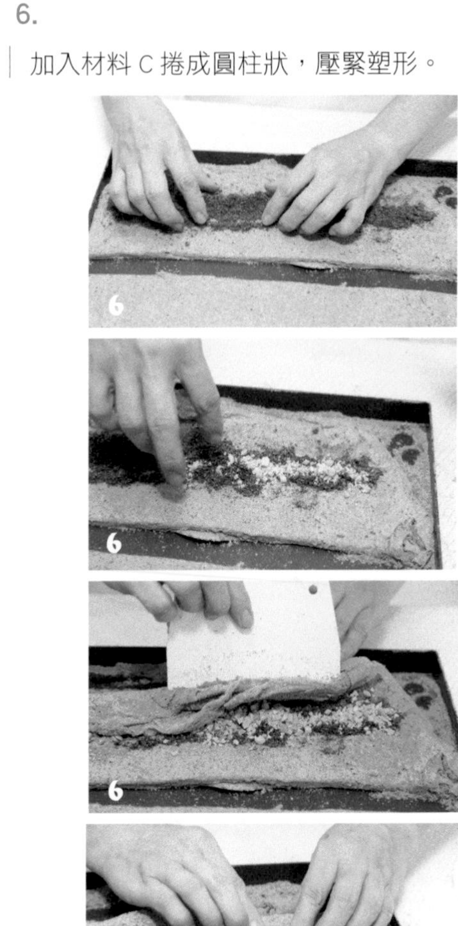

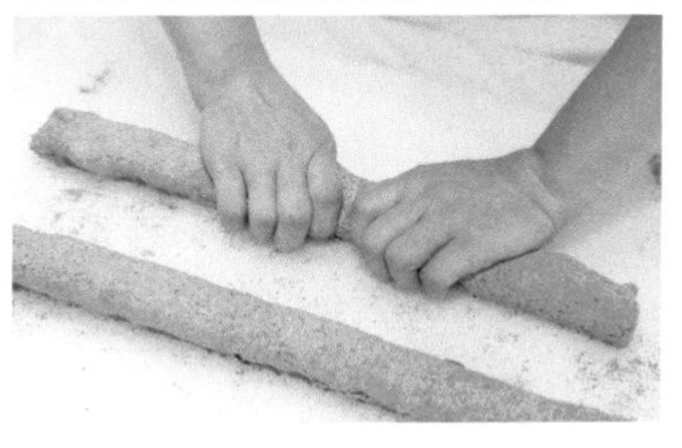

7.

切塊，每塊可切成 2 ～ 2.5 公分。

花生脆糖

成品數量 烘王烤盤一盤

材料

A

水 188 公克
細砂糖 90 公克
鹽 2 公克
麥芽糖 165 公克
帶皮花生（生）900 公克
沙拉油 188 公克

B

白芝麻（熟）75 公克

作法

1.

帶皮花生倒入容器中泡水，約 15 分鐘後濾掉水分。

2.

材料 A 放入鍋中煮到水分收乾，剩油。

Tips:
煮製的過程中勿攪拌，攪拌會導致翻砂。

3.

當作法 2 中的花生開始產生嗶啪的油炸聲，才可開始攪拌。

Tips:
判斷花生是否出現嗶啪油炸聲，可依油水辨識：若油炸時還有水分會出現油炸聲；反之，若只剩下油，就不會有聲音產生。

4.

作法 3 拌到逐漸成為黃色時，將油倒出，留下熟成的花生。

5.

倒入白芝麻拌勻。

6.

一手戴上手套與塑膠袋，噴上烤盤油。

Tips:
此一動作是避免花生糖團過燙，而噴烤盤油可以避免糖團沾黏。

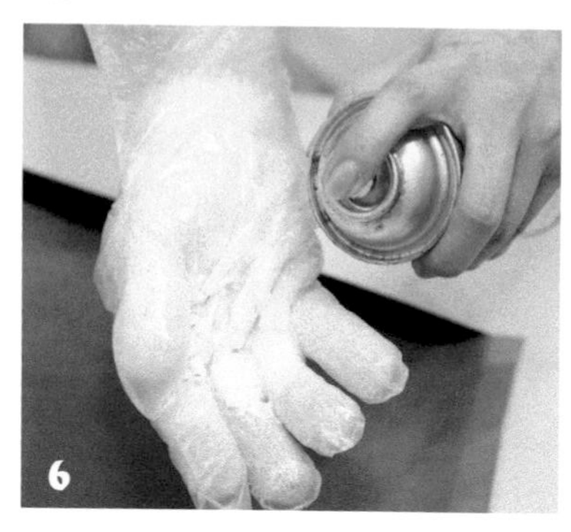

7.

防沾布鋪於烤盤上，放上一小團的作法 5，將其稍壓平成片狀，待涼後裝罐包裝。

南瓜子酥糖

成品數量

35x25 公分烤盤一盤

材料

A

細砂糖 250 公克
水麥芽糖 150 公克
水 150 公克
鹽 4 公克

B

南瓜子 1.3 公斤
白芝麻（熟）70 公克

C

奶油 10 公克

Tips:
奶油也可換成沙拉油，但奶油較增添香味。

作法

1.

南瓜子放入鋼盆中送入烤箱，烤溫以上下火 150℃烤熟。

2.

烤熟後加入白芝麻，烤溫調為上下火 100℃保溫備用。

Tips:
烘烤時，需保持其綠色的色澤，不可烤得太過於焦黃。

3.

材料 A 放入鋼盆中以中火加熱至 142℃為糖漿，待溫度到達即刻關火，倒入奶油。

4.

糖漿倒入烘烤後的材料 B 中，以鍋鏟快速翻動拌均勻。

5.

烤盤噴上烤盤油，倒入作法 4 以刮板壓平整形。

6.

待 2 ～ 3 分鐘後用糖刀趁熱切塊，稍冷卻再包裝存放。

海苔花生酥糖

05

成品數量

35x25 公分烤盤一盤

材料

A

水 100 公克
細砂糖 200 公克
鹽 3 公克
麥芽糖 135 公克

B

花生（熟）1 公斤
海苔粉 20 公克

作法

1.

熟花生放入鋼盆中送入烤箱，烤溫以上下火 120℃保溫備用。

2.

材料 A 加熱至 140 ～ 142℃為糖漿，待溫度到達即刻關火。

3.

把烘烤好的熟花生加入海苔粉，倒入糖漿，以鍋鏟翻動均勻。

4.

烤盤噴上烤盤油，倒入作法 3 以刮板壓平整形。

5.

待 2 ～ 3 分鐘後用糖刀趁熱切塊，冷卻後包裝。

黑芝麻花生酥糖

06

成品數量

35x25 公分烤盤一盤

材料

A

細砂糖 230 公克
水麥芽糖 270 公克
水 90 公克
鹽 5 公克

B

熟黑芝麻 830 公克
熟花生 150 公克

C

沙拉油 15 公克

Tips:
沙拉油可換成奶油，味道較香濃。

作法

1.
材料 B 放入鋼盆中送進烤箱，烤溫以上下火 120℃備用。

2.
材料 A 放入鋼盆中以中火加熱至 142℃為糖漿，待溫度到達關火。

3.
糖漿中倒入沙拉油稍微攪拌。

4.
作法 1 中倒入糖漿，以鍋鏟快速翻動拌均勻。

5.
烤盤噴上烤盤油，倒入作法 4 以刮板壓平整形。

6.
待 2～3 分鐘後用糖刀趁熱切塊，冷卻後即可包裝。

Candy's Note

加沙拉油的目的在於使糖團產生較多油質，製作過程中比較好攪拌；但純花生類的酥糖可以不用加，因為花生遇熱即會出油。

腰果蔓越莓酥糖

成品數量

最中餅乾殼 20 個

材料

A

水 50 公克
細砂糖 100 公克
麥芽糖 150 公克
蜂蜜 20 公克
沙拉油 1/2 茶匙

B

腰果 300 公克
白芝麻 (熟)30 公克
南瓜子 (熟)50 公克
蔓越莓 30 公克

作法

1.

腰果放入烤盤中送進烤箱，烤溫以上下火 150℃烤熟，烤至金黃。

Tips:
烘烤中要常翻動腰果，避免烤焦。

2.

加入南瓜子與白芝麻，把烤溫調降為上下火 100℃，保溫備用。

3.

材料 A 倒入鍋中，以中火加熱至 135 ～ 140℃為糖漿。

4.

待糖漿溫度到達，將火關掉，加入沙拉油稍微攪拌。

5.

作法 4 中加入作法 2，以湯匙快速翻動拌均勻。

6.

作法 5 用湯匙填入最中餅乾殼中鋪平，待冷卻後再包裝存放。

Tips:
也可將成品放進烤箱保溫，讓堅果上的糖漿稍微融化，使餅乾殼與餡料更加黏固。

Part 2

|米|香|類|

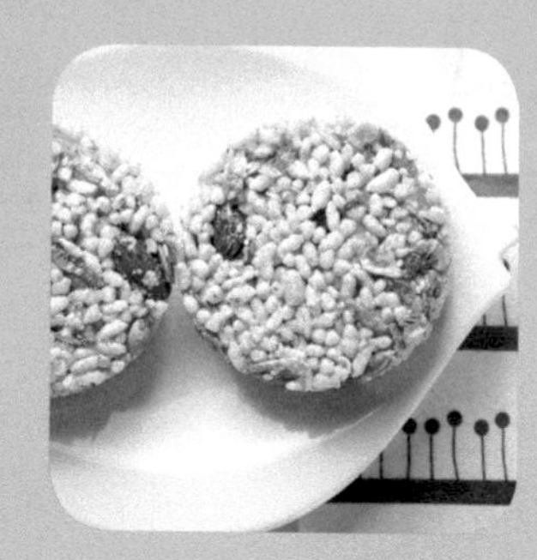

沙茶櫻花蝦米香

成品數量

直徑 6 公分 x 高度 2 公分
的鐵圈 22 個

材料

A

水 80 公克
細砂糖 100 公克
鹽 3 公克
麥芽糖 200 公克
西點轉化糖漿或葡萄糖漿 30 公克

Tips:
加入轉化糖漿或葡萄糖漿可使製作出的米香呈現亮面感。

B

米香 250 公克
花生片（熟）50 公克
南瓜子（熟）50 公克
杏仁粒（熟）50 公克

C

沙茶醬 25 公克
辣椒粉 3 公克
熟櫻花蝦酥 15 公克

作法

1.

材料 B 放入烤盤中送進烤箱，烤溫以上下火 120℃，保溫備用。

2.

材料 A 放入鍋中，以中火加熱至 142℃為糖漿，待溫度到達即刻關火。

3.

糖漿倒入作法 1 中，加入材料 C，以鍋鏟翻攪均勻為米香餡。

4.

鐵圈與烤盤噴上烤盤油備用。

5.

手戴上帆布手套與塑膠手套，噴上些許烤盤油。

6.

米香餡填入鐵圈內。

7.

壓平後可立刻脫模。

Candy's Note

1. 製作時，米香最好全程都放在烤箱中保溫。
2. 要填入模框中或倒入烤盤時再從烤箱取出適量的米香填壓整形，建議在烤箱旁邊進行。
3. 用來包裝米香類的保鮮盒、氣密盒或夾鏈袋中最好放一包乾燥劑，可延長保存期限，因為台灣的氣候，容易使米香受潮。

| 咖哩口味米香 |

成品數量

35x25 公分的烤盤一盤
（以 1/2 盤為示範）

材料

A

水 80 公克
細砂糖 100 公克
鹽 3 公克
麥芽糖 200 公克
西點轉化糖漿或葡萄糖漿 30 公克

B

米香 250 公克
花生片（熟）50 公克
南瓜子（熟）50 公克
杏仁粒（熟）50 公克

C

咖哩粉 3 公克
辣椒粉 3 公克
白胡椒粉 1 公克
沙拉油 10 公克

作法

1.

材料 B 放入烤盤中送進烤箱，烤溫以上下火 120℃，保溫備用。

2.

材料 A 放入鍋中以中火加熱至 142℃為糖漿，待溫度到達再關火。

3.

作法 1 中倒入糖漿，依序加入材料 C，以攪拌匙翻攪均勻為米香餡。

4.

烤盤噴上烤盤油備用。

5.

把米香餡倒入烤盤中，以刮板將其整形壓平。

6.

壓平後放於砧板上，待降溫以鐵尺測量欲切成的大小，再用糖刀切塊。

Tips:
這裡是切為長 7 公分 x 寬 7 公分的大小。

南瓜口味米香

03

成品數量

35x25 公分的烤盤一盤
（以 1/2 盤為示範）

材料

A

水 80 公克
細砂糖 100 公克
鹽 3 公克
麥芽糖 200 公克
西點轉化糖漿或葡萄糖漿 50 公克

B

米香 250 公克
市售南瓜片 80 公克
南瓜子（熟）80 公克

C

南瓜粉 35 公克
奶油 15 公克
白胡椒粉 1 公克

作法

1.

材料 B 放入烤盤送進烤箱中，烤溫以上下火 120℃，保溫備用。

2.

材料 A 放入鍋中以中火加熱至 142℃為糖漿，待溫度到達即關火。

3.

糖漿中加入奶油煮至融化。

4.

取出作法 1 後，放入南瓜粉與白胡椒粉拌勻，再倒入糖漿攪拌均勻為米香餡。

5.

烤盤噴上烤盤油用。

6.

米香餡倒入烤盤中，以刮板將其整形壓平。

7.

壓平後放於砧板上，待冷卻以鐵尺測量欲切成的大小，用糖刀切塊。

Tips:
這裡是切為長 3 公分 x 寬 3 公分的大小。

甜菜根口味米香

成品數量

心型鐵圈 22 個

材料

A

水 80 公克
細砂糖 100 公克
鹽 3 公克
麥芽糖 200 公克
西點轉化糖漿或葡萄糖漿 50 公克

B

天然甜菜根粉 35 公克
奶油 15 公克

C

米香 250 公克
市售地瓜酥條（切丁）50 公克
南瓜子（熟）80 公克
蔓越莓乾 50 公克

作法

1.

材料 C（不含蔓越莓乾）放入烤盤中送進烤箱，烤溫以上下火 120℃，保溫備用。

2.

材料 A 放入鍋中以中火加熱至 140℃為糖漿，待溫度到達即刻關火。

3.

糖漿中加入奶油煮至融化。

4.

取出作法 1 倒入糖漿，放入蔓越莓乾與甜菜根粉，拌勻後為米香餡。

5.

心型鐵圈與烤盤噴上烤盤油，用手指抹勻後備用。

6.

手戴上帆布手套與塑膠手套，噴上些許烤盤油。

7.

米香餡填入心型鐵圈內。

8.

壓平鐵圈內的餡料後立刻脫模。

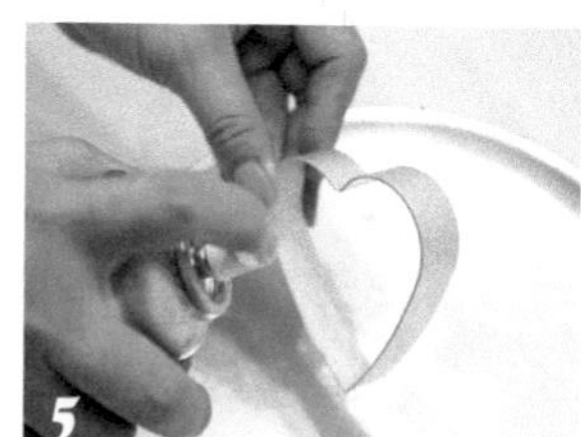

| 油蔥酥口味米香 |

成品數量

直徑 18 公分 x 高度 3 公分的鐵圈 3 個

材料

A

水 70 公克
細砂糖 100 公克
鹽 3 公克
麥芽糖 150 公克
西點轉化糖漿或葡萄糖漿 50 公克

B

米香 320 公克
熟花生（片）150 公克
油蔥酥 40 公克

作法

1.

材料 B 放入烤盤送進烤箱中，烤溫以上下火 120℃，保溫備用。

2.

材料 A 放入鍋中以中火加熱至 140℃為糖漿，待溫度到達再關火。

3.

作法 1 中倒入糖漿，以攪拌匙翻攪均勻為米香餡。

4.

鐵圈與烤盤皆噴上烤盤油，用手指抹勻。

5.

手戴上帆布手套與塑膠手套，噴上些許烤盤油。

6.

米香餡壓入鐵圈內壓平整形。

7.

壓平後可立刻脫模。

Part 3

｜牛｜軋｜糖｜

原味牛軋糖（新鮮蛋白）

成品數量 3 斤糖盤一盤

材料

A

海藻糖 100 公克
細砂糖 100 公克
麥芽糖 560 公克
水 100 公克
鹽 7 公克

B

新鮮蛋白 50 公克
細砂糖 30 公克

C

無鹽奶油丁 125 公克

D

奶粉 175 公克

E

杏仁粒（熟）750 公克

Tips:
堅果類可依個人喜好做替換，重量相同即可。

作法

1.

無鹽奶油丁放進小鐵鍋中，送入烤箱以烤溫上下火 100℃保溫。

2.

作法 1 加熱融化後，離火加入奶粉拌勻成奶酥。

3.

杏仁粒放於烤盤中入烤箱，以烤溫上下火 100℃保溫。

4.

材料 A 放入鍋中以小火加熱至 130 ～ 135℃為糖漿，待溫度到達再關火。

5.

材料 B 放入攪拌機的缸盆中，以球狀拌打器打至乾性發泡。

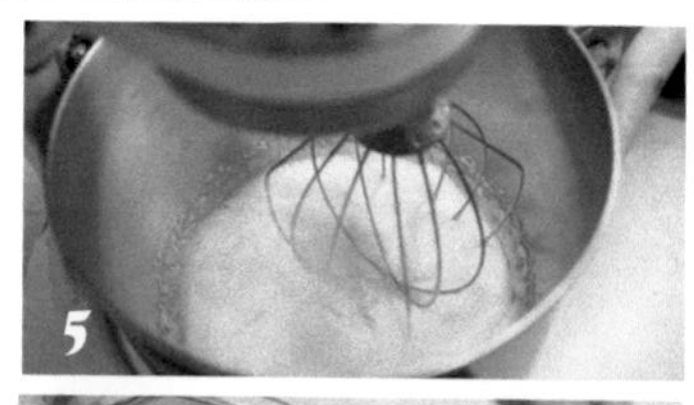

6.

拌打器換為扁平狀拌打器，並在攪拌缸內周圍做刮缸的動作，把食材刮乾淨。

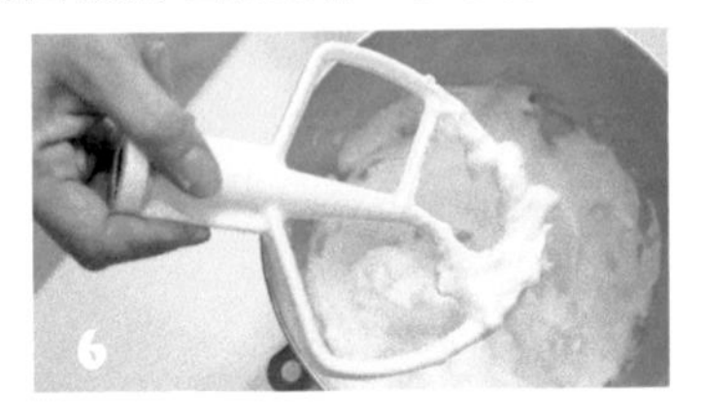

7.

作法 4 倒入作法 6 中，以中速打勻。

8.

奶酥慢慢加入作法 7 中攪拌均勻。

Tips:
倒入奶酥時，需要等奶酥被糖團吸收後再慢慢倒入。

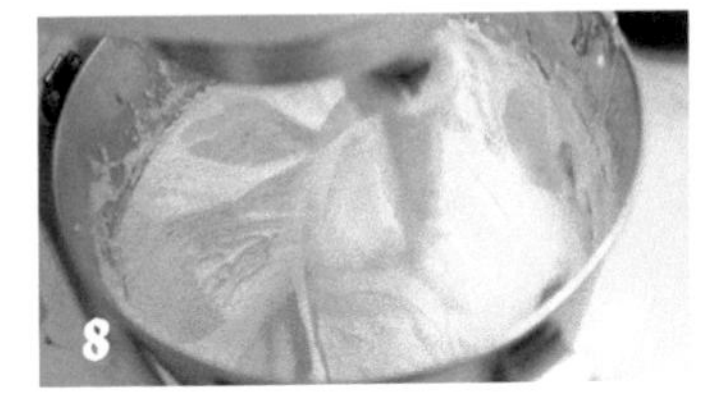

9.

在鋪有防沾布的烤盤上倒入作法 3。

10.

作法 8 刮出於烤盤中與杏仁粒一起揉壓均勻。

Tips:
- 在還有微溫的烤盤上進行揉壓，可延緩糖漿立即硬掉的時間。
- 揉壓時要戴上手套，避免糖團過燙燙到手。

11.

最後將揉勻的牛軋糖團連同防沾布壓平在烤盤中，且以擀麵棍擀平。

Tips:
壓平牛軋糖團時，先從角落慢慢推滿。

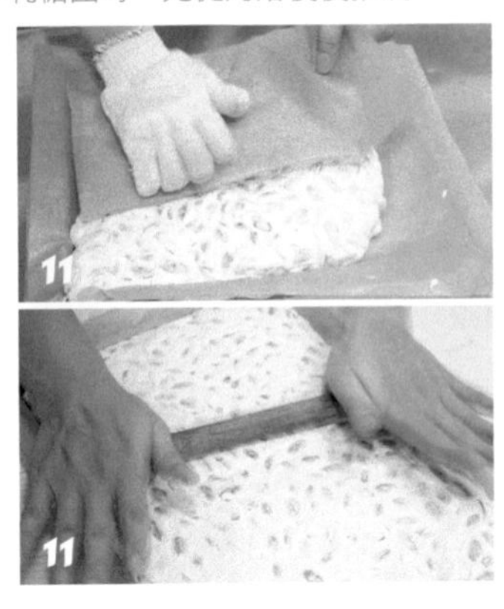

12.

放涼後再以糖刀切塊、包裝。

Tips:
這裡切塊的糖刀為新型的手工裁糖刀。

Candy's Note

- 煮糖漿的溫度會因為當天煮糖時的室和溫度計的誤差值有所不同，通常相差約 3℃。
- 冬天和夏天的煮糖的溫度也會因氣候差異而有所不同。

玫瑰花口味牛軋糖
（新鮮蛋白）

成品數量 3斤糖盤一盤

材料

A

玫瑰荔枝果泥 100 公克
麥芽糖 800 公克
鹽 8 ～ 10 公克

B

新鮮蛋白 70 公克
海藻糖 20 公克

C

無鹽奶油丁 200 公克

D

奶粉 200 公克
玫瑰花粉 25 公克

E

熟夏威夷豆 900 公克

F

乾燥玫瑰花適量

作法

1.

無鹽奶油丁放在小鐵鍋中送入烤箱，讓烤箱微熱的溫度使其溶化。

2.

作法 1 加入材料 D 拌勻為玫瑰奶酥。

2

2

3.

夏威夷豆放在烤盤上送進烤箱，以烤溫上下火 150℃烤熟後，調至上下火 100℃保溫。

4.

材料 A 放入鍋中加熱至 132 ～ 136℃（夏天）為糖漿，溫度到達後關火。

Tips:
冬天糖漿溫度需煮到 129 ～ 130℃。

4

4

5.

材料 B 倒入攪拌機的缸盆中，以球狀拌打器打至乾性發泡。

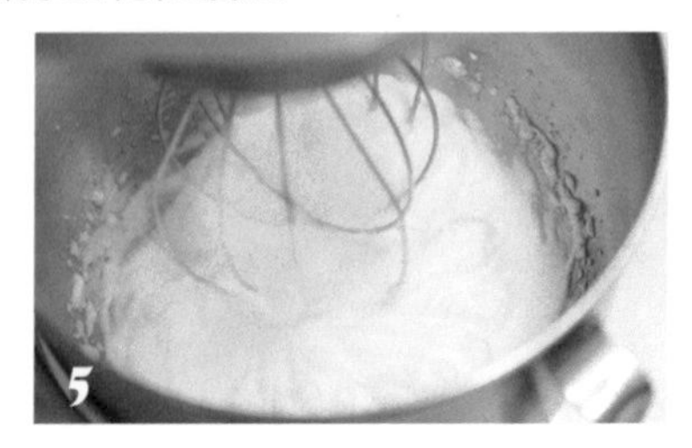
5

6.

將拌打器換成扁平狀拌打器，並且在攪拌缸內周圍做刮缸的動作，把食材刮乾淨。

7.

作法 4 慢慢倒入攪拌缸中，以中速拌打。

8.

玫瑰奶酥分次加入作法 7 中拌打均勻。

9.

在鋪有防沾布的烤盤上倒入作法 3。

10.

作法 8 刮出於烤盤上與夏威夷豆一同揉壓均勻，用擀麵棍壓平。

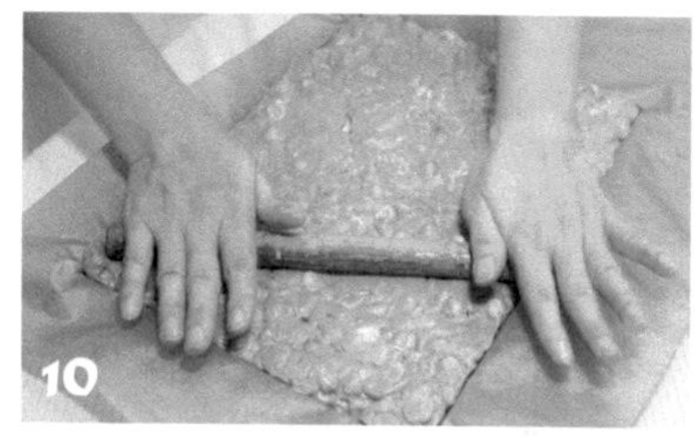

11.

作法 10 的正反兩面撒上玫瑰花瓣，再用擀麵棍稍壓平。

12.

待降溫再切塊，包裝。

阿薩姆紅茶牛軋糖
（新鮮蛋白）

成品數量　3 斤糖盤一盤

材料

A

海藻糖 80 公克
麥芽糖 660 公克
鹽 5 公克

B

熱開水 150 公克
阿薩姆紅茶包 5 包

C

新鮮蛋白 66 公克
細砂糖 30 公克

D

無鹽奶油 120 公克

E

奶粉 165 公克
阿薩姆紅茶粉 15 公克

F

杏仁粒 (熟)550 公克
膨化紫米米香 150 公克

Tips:
堅果類可依個人喜好做替換，重量相同即可。

作法

1.

無鹽奶油丁放進小鐵鍋中，入烤箱以上下火 100℃保溫。

2.

作法 1 加熱融化後，離火加入材料 E 拌勻為紅茶奶酥。

3.

杏仁粒放在烤盤上送入烤箱，以烤溫上下火 150℃烤熟，加入紫米，調至上下火 100℃一同保溫。

4.

熱開水沖入阿薩姆紅茶包中，把茶包擠乾拿掉，剩茶汁備用。

5.

紅茶與材料 A 放入鍋中，加熱至 130 ～ 135℃為糖漿，溫度到達後關火。

6.

材料 C 放入攪拌機的缸盆中，以球狀拌打器打至乾性發泡。

7.

拌打器換成扁平狀拌打器，並在攪拌缸內周圍做刮缸的動作，把食材刮乾淨。

8.

作法 5 慢慢倒入打發的蛋白中，以中速打勻即可。

9.

紅茶奶酥分次加入作法 8 中攪拌均勻。

10.

在鋪有防沾布的烤盤上倒入作法 9。

11.

再倒入作法 3 揉壓均勻。

12.

揉勻的牛軋糖團連同防沾布壓平在烤盤中，以擀麵棍擀平。

13.

放涼後再以糖刀切塊、包裝。

楓糖核桃口味牛軋糖
（新鮮蛋白）

成品數量 3 斤糖盤一盤

材料

A

楓糖漿 120 公克
麥芽糖 620 公克
水 80 公克
鹽 6 公克

B

新鮮蛋白 62 公克
海藻糖 25 公克

C

無鹽奶油丁 110 公克

D

奶粉 160 公克

E

核桃 400 公克

作法

1.

核桃放於烤盤中放入烤箱，以上下火 150℃烤熟，再以上下火 100℃保溫。

2.

無鹽奶油丁放進小鐵鍋中，入烤箱以上下火 100℃保溫。

3.

作法 2 加熱融化後，離火加入奶粉拌勻為奶酥。

4.

材料 A 放入鍋中加熱至 136℃（夏天）為糖漿，溫度到達後關火。

Tips:
冬天糖漿溫度需煮到 125～130℃。

5.

材料 B 放入攪拌機的缸盆中，以球狀拌打器打至乾性發泡。

6.

拌打器換成扁平狀拌打器，並且在攪拌缸內周圍做刮缸的動作，把食材刮乾淨。

7.

作法 4 慢慢倒入打發的蛋白中，以中速打匀即可。

8.

奶酥分次加入作法 7 中攪拌均匀。

9.

烤盤鋪上防沾布，倒入作法 8 與核桃，用手揉合為均匀的糖團。

10.

揉匀的牛軋糖團連同防沾布壓平在烤盤上，以擀麵棍擀平。

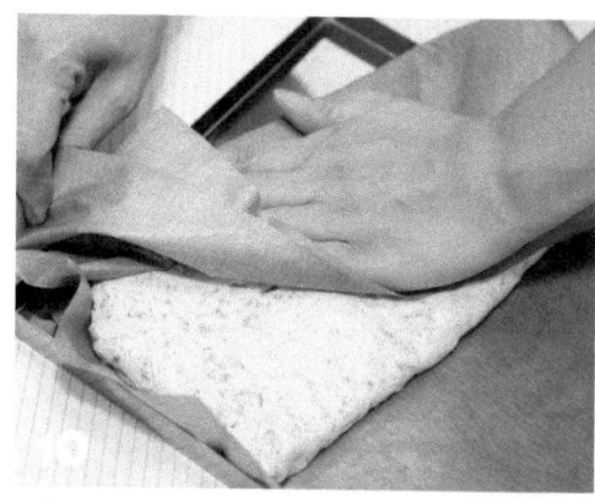

11.

待放涼後再切塊、包裝。

麻辣口味牛軋糖

（新鮮蛋白）

成品數量

3 斤糖盤一盤

材料

A

麥芽糖 750 公克
水 100 公克
鹽 8 公克
海藻糖 100 公克

B

新鮮蛋白 72 公克
海藻糖 30 公克

C

無鹽奶油丁 180 公克

D

奶粉 160 公克

E

辣椒粉 18 公克
韓國辣椒粉 18 公克
花椒粉 6 公克
白胡椒粉 5 公克
香蒜粉 5 公克
五香粉 1 公克
粗粒黑胡粉 1 公克
孜然粉 1 公克
乾燥蔥末 5 公克

E

花生（熟）750 公克

Tips:
可用市售炒好的麻辣花生替代，口感更佳

F

辣椒粉適量

作法

1.

無鹽奶油丁放入小鐵鍋中，進烤箱以上下火 100℃保溫；加熱融化後加入奶粉拌勻，為奶酥。

2.

花生放入烤盤送進烤箱，以烤溫上下火 100℃保溫。

3.

材料 A 放入鍋中加熱至 135℃（夏天）為糖漿，溫度到達後關火。

Tips:
冬天糖漿溫度需煮到 128 ～ 129℃。

4.

材料 B 倒入攪拌缸中，以球狀拌打器打至乾性發泡。

5.

拌打器換成扁平狀拌打器，並且在攪拌缸內周圍做刮缸的動作，把食材刮乾淨。

6.

作法 3 倒入攪拌缸中，以中速拌打，再放入材料 E。

7.

奶酥分次加入作法 6 中拌打均勻。

8.

在鋪有防沾布的烤盤上倒入作法 7 與花生，用手揉壓均勻後以擀麵棍擀平。

9.

擀平後在糖團的正反兩面撒上辣椒粉，以擀麵棍稍壓平。

10.

冷卻後再切塊，包裝。

1

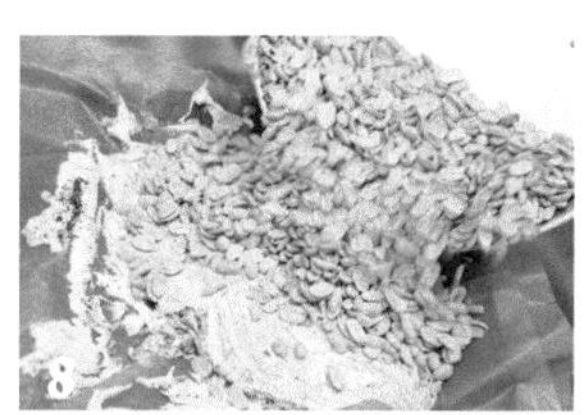
8

2

8

6

9

咖哩辣椒牛軋糖
（新鮮蛋白）

成品數量

3 斤糖盤一盤

材料

A

海藻糖 100 公克
麥芽糖 645 公克
水 80 公克
鹽 6 公克

B

新鮮蛋白 62 公克
海藻糖 25 公克

C

無鹽奶油丁 160 公克

D

奶粉 145 公克

E

辣椒粉 7 公克
韓國辣椒粉 8 公克
咖哩粉 13 公克

F

花生粒 400 公克
地瓜酥條 260 公克

G

咖哩粉 45 公克
辣椒粉 5 公克
白胡椒粉 6 公克
鹽（磨細）2 公克

作法

1.

無鹽奶油丁放入小鐵鍋中入烤箱，以上下 100℃保溫，加熱融化，加入奶粉拌勻為奶酥。

2.

花生放進烤盤中，入烤箱以上下火 150℃烤熟，加入地瓜條，烤溫降至上下火 100℃保溫。

3.

材料 A 放入鍋中加熱至 136℃（夏天）為糖漿，溫度到達後關火。

Tips:
冬天糖漿溫度需煮到 125 ～ 130℃。

4.

材料 B 倒入攪拌機的缸盆中，以球狀拌打器打至乾性發泡。

5.

拌打器換成扁平狀拌打器，並且在攪拌缸內周圍做刮缸的動作，把食材刮乾淨。

6.

作法 3 慢慢倒入攪拌缸中，以中速拌打，再倒入材料 E 攪拌。

7.

在鋪有防沾布的烤盤上倒入作法 6 與花生粒、地瓜條，用手揉壓均勻，以擀麵棍擀平。

8.

擀平後，糖團的正反兩面撒上材料 G，再以擀麵棍稍壓平。

9.

待放至微降溫切塊，包裝。

2

8

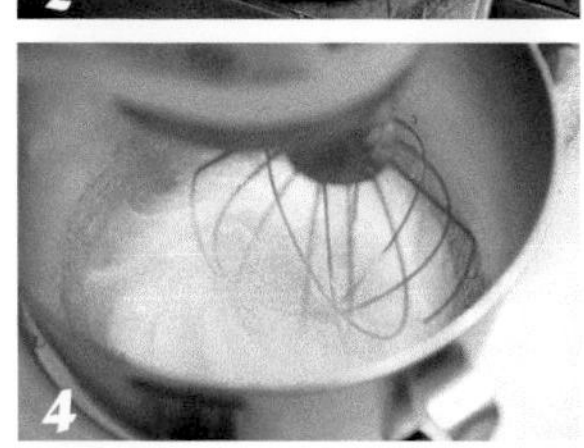
4

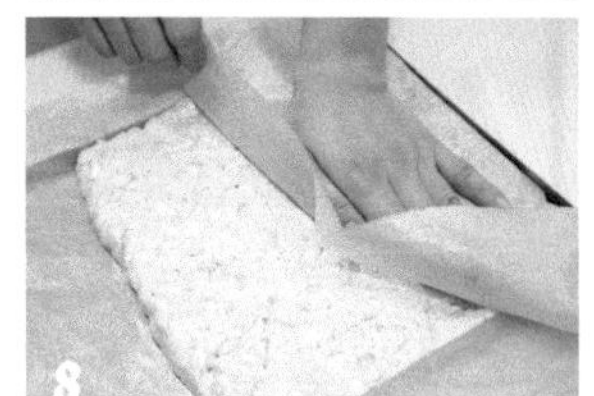
8

6

8

胡桃咖啡牛軋糖

（新鮮蛋白）

成品數量

3 斤糖盤一盤

材料

A

黃金砂糖 80 公克
麥芽糖 465 公克
水 60 公克
鹽 4 公克

B

新鮮蛋白 50 公克
細砂糖 20 公克

C

無鹽奶油丁 105 公克

D

奶粉 115 公克
咖啡粉 30 公克
濃縮咖啡精 4 公克

E

胡桃（熟）600 公克

作法

1.

無鹽奶油丁放入小鐵鍋中，進烤箱以上下火 100℃保溫；加熱融化後加入材料 D 拌勻，為咖啡奶酥。

2.

胡桃放進烤盤中，入烤箱以上下火 130℃烤 15 分鐘，再以上下火 100℃保溫。

3.

材料 A 放入鍋中加熱至 136℃（夏天）為糖漿，溫度到達後關火。

Tips:
冬天糖漿溫度需煮到 125 ～ 130℃。

4.

材料 B 放入攪拌機的缸盆中，以球狀拌打器打製乾性發泡。

5.

拌打器換成扁平狀拌打器，並且在攪拌缸內周圍做刮缸的動作，把食材刮乾淨。

6.

作法 3 慢慢倒入攪拌缸中，以中速拌打。

7.

咖啡奶酥也分次加入作法 6 中拌打均勻。

8.

在鋪有防沾布的烤盤上倒入作法 2。

9.

作法 7 刮出於烤盤中與胡桃一同揉壓均勻，再用擀麵棍壓平。

10.

待放至降溫再切塊，包裝。

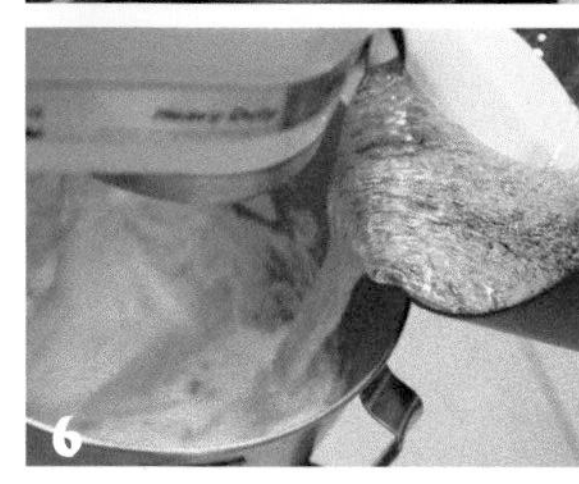

蔓越莓牛軋糖
（蛋白霜）

成品數量

3 斤糖盤一盤

材料

A

海藻糖 60 公克
麥芽糖 780 公克
水 80 公克
鹽 4 公克

B

蛋白霜粉 70 公克
冷開水 70 公克

C

無鹽奶油丁 100 公克

D

奶粉 150 公克

E

杏仁粒（熟）600 公克
蔓越莓乾 80 公克

作法

1.

無鹽奶油丁放入小鐵鍋中，進烤箱以上下火 100℃保溫；加熱融化後加入材料 D 拌勻，為奶酥。

2.

杏仁粒放在烤盤上送進烤箱，以上下火 150℃烤熟後，調降烤溫至上下火 100℃保溫。

3.

材料 A 放入鍋中加熱至 136℃（夏天）為糖漿，溫度到達後關火。

Tips:
冬天糖漿溫度需煮到 125 ～ 128℃。

4.

材料 B 倒入攪拌機的缸盆中，以球狀拌打器打至乾性發泡。

5.

拌打器換成扁平狀拌打器，並且在攪拌缸內周圍做刮缸的動作，把食材刮乾淨。

6.

作法 3 慢慢倒入攪拌缸中，以中速拌打。

7.

奶酥分次加入作法 6 中攪拌均勻。

8.

在鋪有防沾布的烤盤上倒入杏仁粒與蔓越莓乾。

9.

倒入作法 7 一同揉壓均勻，以擀麵棍擀平於烤盤中。

10.

待降溫後切塊，包裝。

3

8

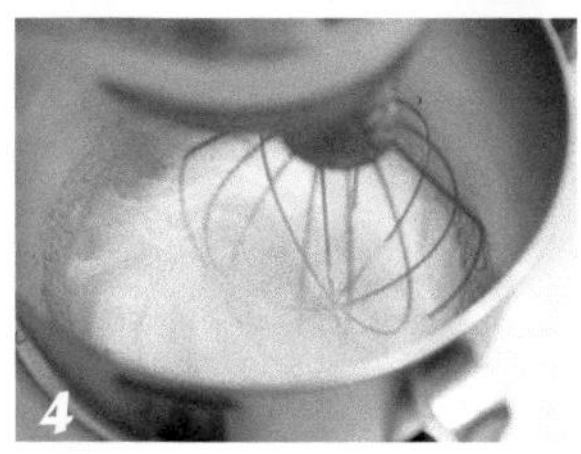
4

9

6

9

7

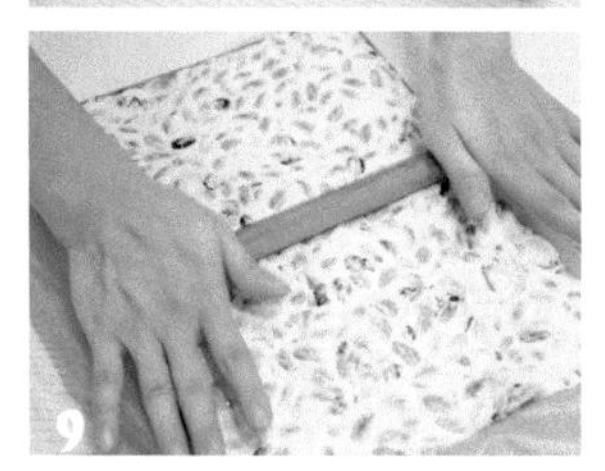
9

山藥夏威夷豆牛軋糖

（蛋白霜）

成品數量

3 斤糖盤一盤

材料

A

細砂糖 30 公克
麥芽糖 780 公克
水 60 公克
鹽 8 公克

B

蛋白霜粉 66 公克
冷開水 66 公克

C

無鹽奶油丁 108 公克

D

奶粉 130 公克

E

山藥酥條 180 公克
夏威夷豆（熟）480 公克

F

乾燥桂花適量

作法

1.

無鹽奶油丁放入小鐵鍋中，進烤箱以上下火 100℃保溫；加熱融化後加入材料 D 拌勻，為奶酥。

2.

夏威夷豆放進烤盤中，入烤箱以上下火 150℃烤熟，加入山藥酥條，烤溫降至上下火 100℃保溫。

3.

材料 A 放入鍋中加熱至 130～132℃（夏天）為糖漿，溫度到達後關火。

Tips:
冬天糖漿溫度需煮到 129～130℃。

4.

材料 B 倒入攪拌機的缸盆中，以球狀拌打器打發成蛋白霜，拌打器換成扁平狀，並在缸內周圍做刮缸，把食材刮乾淨。

5.

作法 3 慢慢倒入攪拌缸中，以中速拌打。

6.

奶酥分次加入作法 5 中打勻。

7.

在鋪有防沾布的烤盤上倒入作法 6 與夏威夷豆、山藥酥條，揉壓均勻後以擀麵棍擀平。

8.

擀壓平後，在糖團的正反兩面撒上材料 F，以擀麵棍稍微擀壓。

9.

放涼即可切塊、包裝。

2

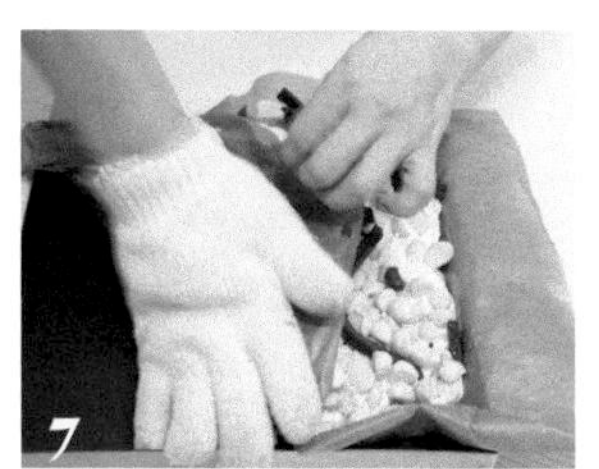
7

3

7

7

8

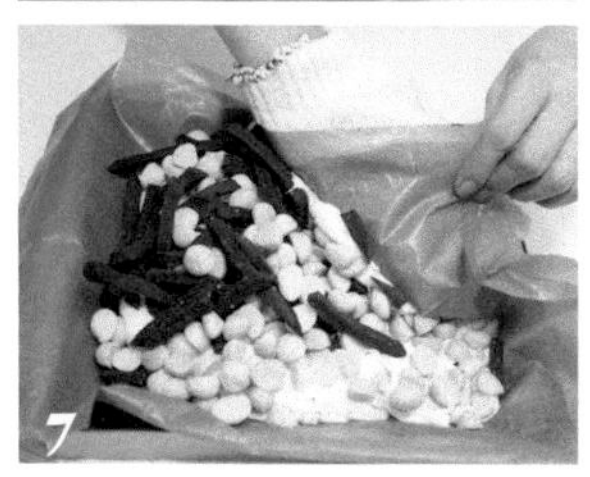
7

8

| 甜菜根口味牛軋糖 |

（蛋白霜）

10

成品數量

3 斤糖盤一盤

材料

A

麥芽糖 780 公克
水 60 公克
鹽 7 公克

B

蛋白霜粉 72 公克
冷開水 72 公克

C

無鹽奶油丁 110 公克

D

奶粉 120 公克

E

甜菜根粉 22 公克
韓國辣椒粉 4 公克
白胡椒粉 3 公克

F

杏仁粒（熟）480 公克
香菇脆片 90 公克
四季豆脆片 90 公克

作法

1.

無鹽奶油丁放入小鐵鍋中，進烤箱以上下火 100℃保溫；加熱融化後加入奶粉拌勻，為奶酥。

2.

杏仁粒放在烤盤上，送進烤箱以上下火 150℃烤熟。

3.

再加入香菇與四季豆脆片以上下火 100℃保溫。

4.

材料 A 放入鍋中加熱至 136℃（夏天）為糖漿，溫度到達後關火。

Tips:
冬天糖漿溫度需煮到 129 ～ 130℃。

5.

材料 B 倒入攪拌機的缸盆中，以球狀拌打器打發成蛋白霜，換成扁平狀拌打器，並在缸內周圍做刮缸，把食材刮乾淨。

6.

作法 4 慢慢倒入攪拌缸中，放入材料 E 以中速拌打。

7.

奶酥分次加入作法 6 中攪拌均勻。

8.

在鋪有防沾布的烤盤上倒入作法 7 與作法 3，揉壓均勻後以擀麵棍擀平。

9.

待稍微降溫再切塊、包裝。

1

8

3

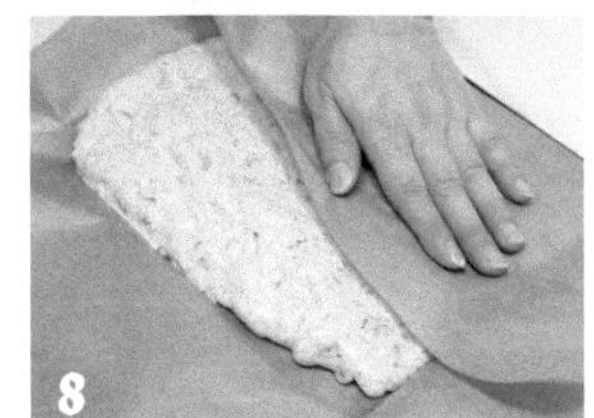
8

6

8

起士地瓜風味牛軋糖

（蛋白霜）

成品數量

3 斤糖盤一盤

材料

A

麥芽糖 780 公克
水 60 公克
鹽 5 公克

B

蛋白霜粉 65 公克
冷開水 65 公克

C

無鹽奶油丁 100 公克

D

奶粉 150 公克

E

金黃起士粉 22 公克

F

地瓜酥條 240 公克
杏仁粒（熟）250 公克

G

墨西哥調味粉 適量
辣椒粉 適量

作法

1.

無鹽奶油丁放入小鐵鍋中，進烤箱以上下火 100℃保溫；加熱融化後加入奶粉拌勻，為奶酥。

2.

杏仁粒放在烤盤上，送進烤箱以上下火 150℃烤熟，再加入地瓜酥條以上下火 100℃保溫。

3.

材料 A 放入鍋中加熱至 135 ～ 136℃（夏天）為糖漿，溫度到達後關火。

Tips:
冬天需煮到 128 ～ 129℃。

4.

材料 B 倒入攪拌機的缸盆中，以球狀拌打器打發成蛋白霜，換成扁平狀拌打器，並在缸內周圍做刮缸，把食材刮乾淨。

5.

作法 3 慢慢倒入攪拌缸中，放入材料 E 以中速拌打。

6.

奶酥分次加入作法 5 中拌打均勻。

7.

在鋪有防沾布的烤盤上倒入作法 6 與作法 2，揉壓均勻後以擀麵棍擀平。

8.

擀平後，在糖團的正反兩面撒上已混合的材料 G，以擀麵棍稍微擀平。

9.

放至微降溫再切塊，包裝。

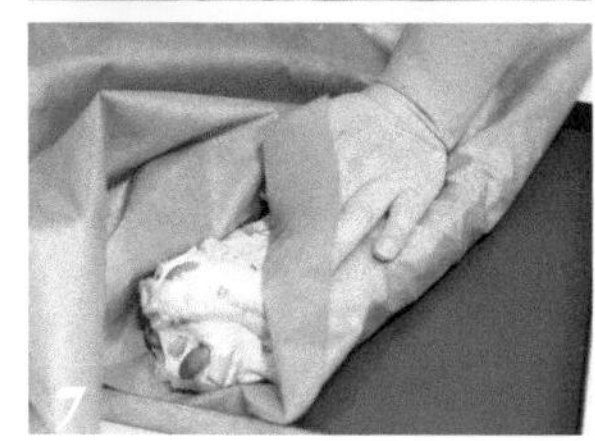

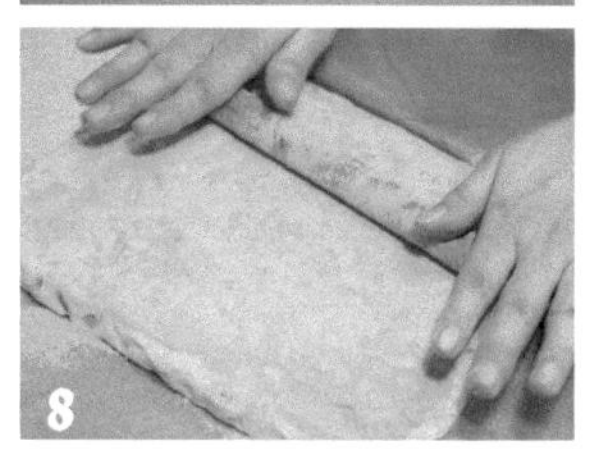

南瓜秋葵口味牛軋糖

（蛋白霜）

成品數量

3 斤糖盤一盤

材料

A

麥芽糖 800 公克
水 60 公克
鹽 5 公克

B

蛋白霜 70 公克
冷開水 70 公克

C

無鹽奶油丁 100 公克

D

奶粉 120 公克

E

南瓜粉 30 公克

F

杏仁粒 540 公克
南瓜脆片 60 公克
秋葵脆片 60 公克

G

鹽（磨細）4 公克
白胡椒粉 3 公克
南瓜粉 25 公克

作法

1.

無鹽奶油丁放入小鐵鍋中，進烤箱以上下火 100℃保溫；加熱融化後加入奶粉拌勻，為奶酥。

2.

杏仁粒先放在烤盤上，送進烤箱以上下火 150℃烤熟，再與南瓜、秋葵脆片以上下火 100℃保溫。

3.

材料 A 放入鍋中加熱至 136℃（夏天）為糖漿，溫度到達後關火。

Tips:
冬天糖漿溫度需煮到 125 ～ 128℃。

4.

材料 B 倒入攪拌機的缸盆中，以球狀拌打器打發成蛋白霜，換成扁平狀拌打器，並在缸內周圍做刮缸，把食材刮乾淨。

5.

作法 3 慢慢倒入打發的蛋白霜中，放入南瓜粉以中速拌打。

6.

奶酥分次加入作法 5 中拌打均勻。

7.

在鋪有防沾布的烤盤上倒入作法 6 與作法 2，揉壓均勻後以擀麵棍擀平。

8.

壓平後，在糖團的正反兩面撒上已混合的材料 G，以擀麵棍稍壓平。

9.

待放至微溫再切塊，包裝。

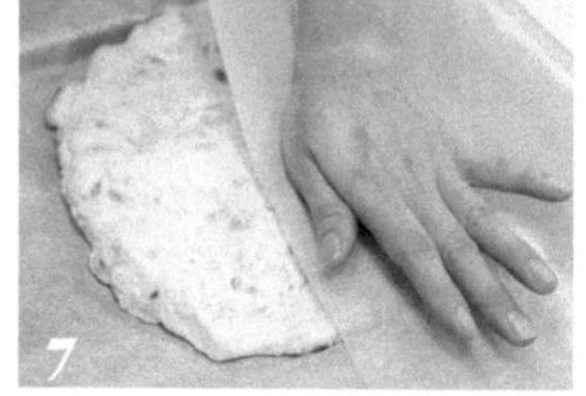

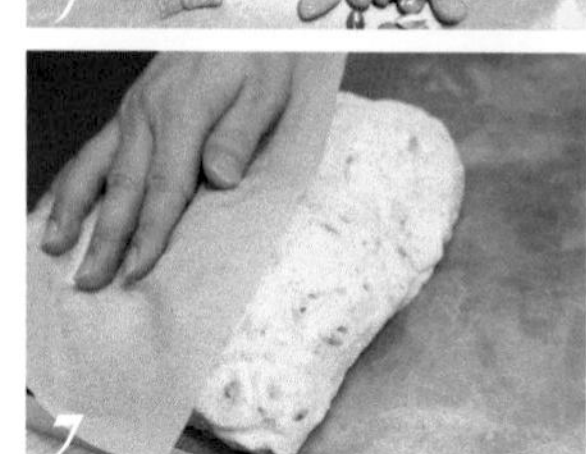

草莓牛軋糖
（蛋白霜）

成品數量

2.5 斤

材料

A

麥芽糖 650 公克
水 80 公克
鹽 5 公克

B

蛋白霜粉 60 公克
冷開水 60 公克

C

無鹽奶油丁 90 公克

D

奶粉 110 公克

E

天然草莓粉 20 公克

F

杏仁粒 500 公克
天然草莓乾 50 公克

作法

1.

無鹽奶油丁放入小鐵鍋中，進烤箱以上下火 100℃保溫；加熱融化後加入奶粉拌勻，為奶酥。

2.

杏仁粒放在烤盤上，送進烤箱以上下火 150℃烤熟，再以上下火 100℃保溫。

3.

材料 A 倒於小鐵鍋中，加熱至約 135℃為糖漿，待溫度到達即可關火。

4.

材料 B 倒入攪拌機的缸盆中，以球狀拌打器打發成蛋白霜，換成扁平狀拌打器，並在缸內周圍做刮缸，把食材刮乾淨。

5.

作法 3 慢慢倒入打發的蛋白霜中，加入天然草莓粉以中速拌打。

6.

奶酥分次加入作法 5 中拌打均勻。

7.

在鋪有防沾布的烤盤上倒入作法 6 與杏仁粒、草莓乾，揉壓均勻後以擀麵棍擀平。

8.

待放涼後再切塊，包裝。

1

7

1

7

2

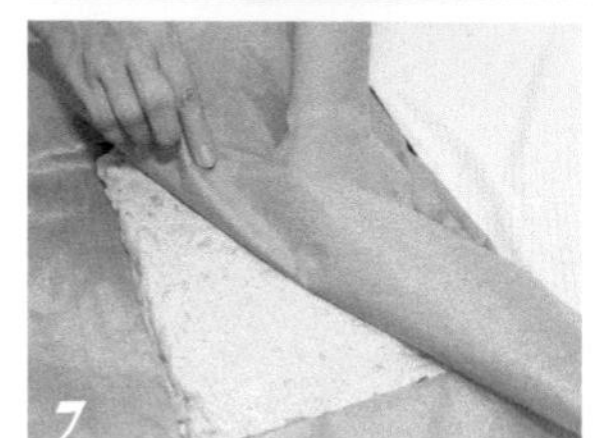
7

5

7

巧克力牛軋糖
（蛋白霜）

成品數量

3 斤糖盤一盤

材料

A

細砂糖 90 公克
麥芽糖 620 公克
水 100 公克
鹽 6 公克

B

蛋白霜粉 56 公克
冷開水 56 公克

C

無鹽奶油丁 56 公克
法芙娜深黑苦甜巧克力 115 公克

D

奶粉 150 公克
法芙娜可可粉 35 公克

E

杏仁 700 公克

作法

1.

無鹽奶油丁放入小鐵鍋中，放進烤箱以上下火 100℃保溫，加熱融化，加入可可粉拌勻，為巧克力奶酥。

2.

杏仁粒放在烤盤上，送進烤箱以上下火 150℃烤熟，再以上下火 100℃保溫。

3.

材料 A 放入鍋中加熱至 130～131℃（夏天）為糖漿，溫度到達後關火。

Tips:
冬天糖漿溫度需煮到 128～129℃。

4.

材料 B 倒入攪拌機的缸盆中，以球狀拌打器打發成蛋白霜，換成扁平狀拌打器，並在缸內周圍做刮缸，把食材刮乾淨。

5.

作法 3 慢慢倒入打發的蛋白霜中，加入苦甜巧克力以中速拌打。

6.

奶酥分次加入作法 5 中攪拌。

7.

在鋪有防沾紙的烤盤上倒入作法 2。

8.

作法 6 倒在作法 7 上，與杏仁粒一同揉壓均勻，用擀麵棍擀平。

9.

待放至微涼再切塊，包裝。

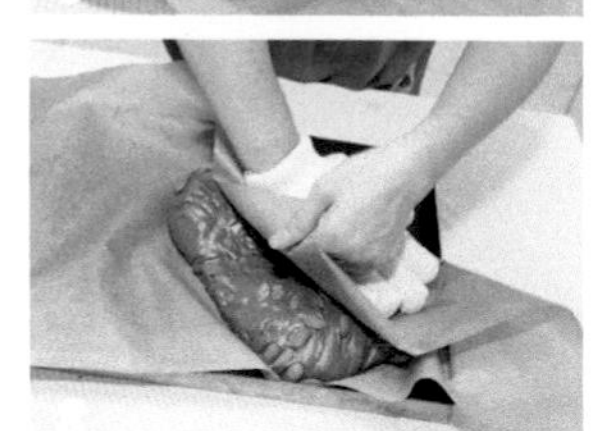

綠茶口味牛軋餅

（蛋白霜）

成品數量

約 40 組

材料

A

麥芽糖 390 公克
水 50 公克
鹽 3 公克

B

蛋白霜粉 33 公克
冷開水 33 公克

C

無鹽奶油丁 50 公克

D

奶粉 70 公克

E

綠茶粉 18 公克

F

原味小片的蘇打餅乾 80 片

作法

1.

無鹽奶油丁放入小鐵鍋中，放進烤箱以上下火 100℃保溫，加熱融化後加入奶粉拌勻為奶酥。

2.

材料 A 放入鍋中加熱至 124 ～ 125℃為糖漿，關火。

Tips:
冬天糖漿溫度需煮到 121 ～ 123℃。

3.

材料 B 倒入攪拌機的缸盆中，以球狀拌打器打發成蛋白霜，換成扁平狀拌打器，並在缸內周圍做刮缸，把食材刮乾淨。

4.

作法 2 後慢慢倒入打發的蛋白霜中，以中速拌打。

5.

奶酥分次加入作法 4 中攪拌，再倒入綠茶粉打勻。

6.

在鋪有防沾紙的烤盤上倒入作法 5，以手反覆揉壓均勻為糖團。

7.

待糖團稍微降溫後，以刮板分割成數個 10 公克的糖團，揉成圓形。

8.

用 2 片蘇打餅乾包夾圓形糖團，輕壓餅乾，使糖團完全黏於餅乾內即可包裝保存。

1

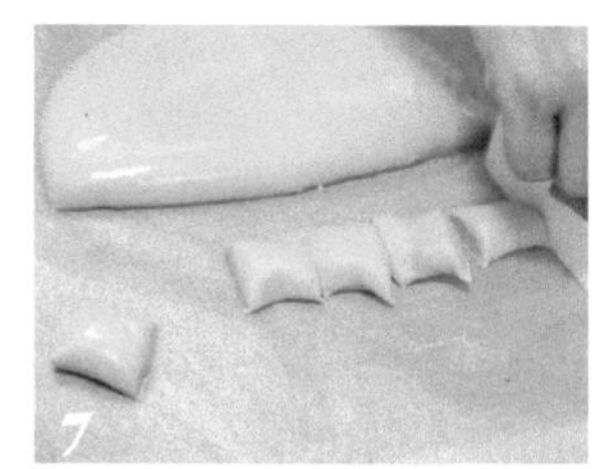
7

5

7

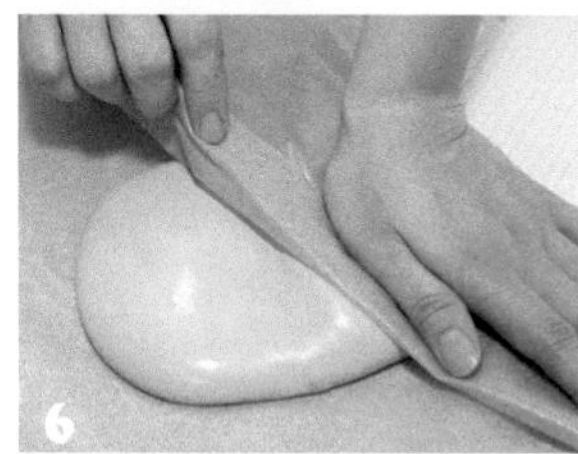
6

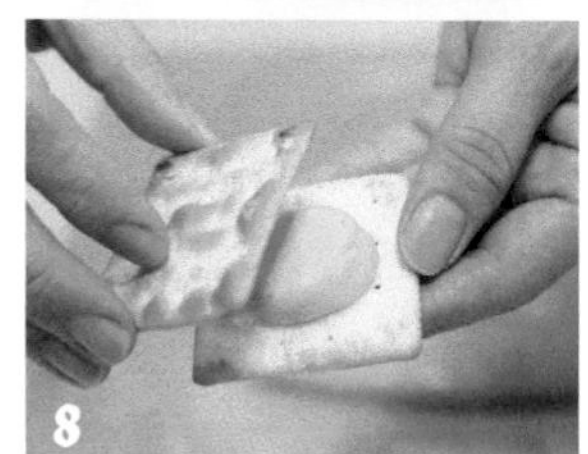
8

7

8

番茄披薩牛軋餅

（蛋白霜）

成品數量

約 50 組

材料

A

麥芽糖 780 公克
水 60 公克
鹽 5 公克

B

蛋白霜粉 65 公克
冷開水 65 公克

C

無鹽奶油丁 100 公克

D

奶粉 140 公克

E

番茄粉 22 公克
披薩綜合香料 6 公克
白胡椒粉 1 公克
香蒜粉 1 公克
墨西哥風味粉 5 公克

F

蘇打餅乾（大片）100 片

作法

1.

無鹽奶油丁放入小鐵鍋中，放進烤箱以上火 100℃保溫，加熱融化後倒入奶粉拌勻為奶酥。

2.

材料 A 放入鍋中加熱至 124 ～ 125℃為糖漿，溫度到後關火。

3.

材料 B 倒入攪拌機的缸盆中，以球狀拌打器打發成蛋白霜，換成扁平狀拌打器，並在缸內周圍做刮缸，把食材刮乾淨。

4.

作法 2 慢慢倒入打發的蛋白霜中，以中速拌打。

5.

奶酥分次加入作法 4 中攪拌，再倒入已混合的材料 E 攪拌。

6.

在鋪有防沾紙的烤盤上倒入作法 5，以手反覆揉壓為糖團。

7.

待糖團稍微降溫後，以刮板分割成數個 10 公克的糖團，揉成圓形。

8.

用 2 片蘇打餅乾包夾圓形糖團，輕壓餅乾，使糖團完全黏於餅乾內即可包裝保存。

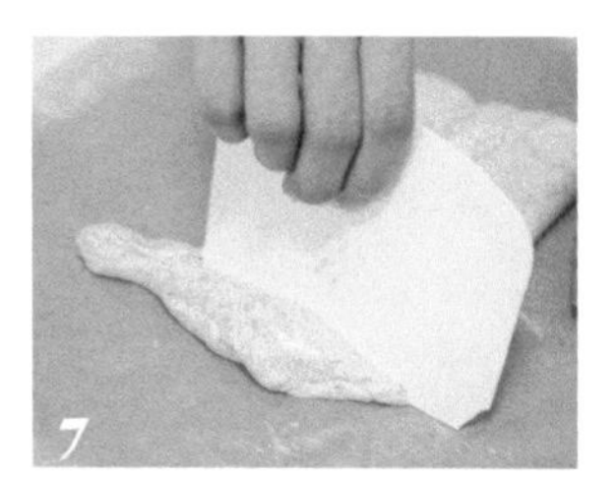

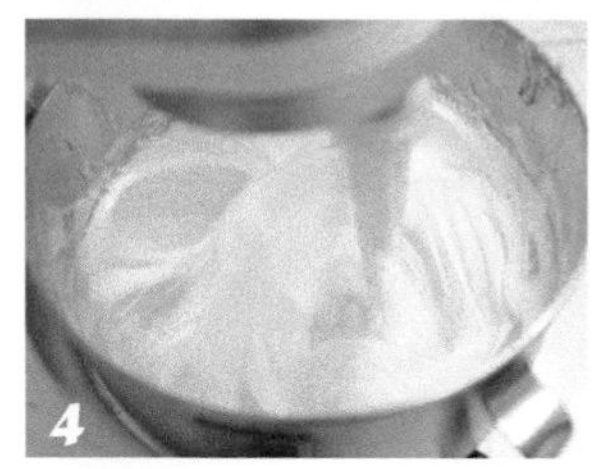

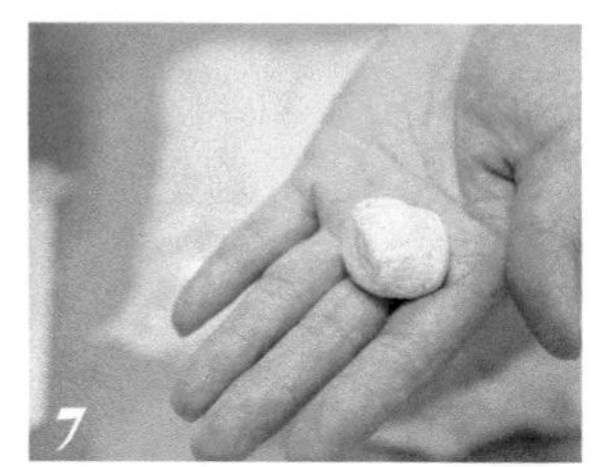

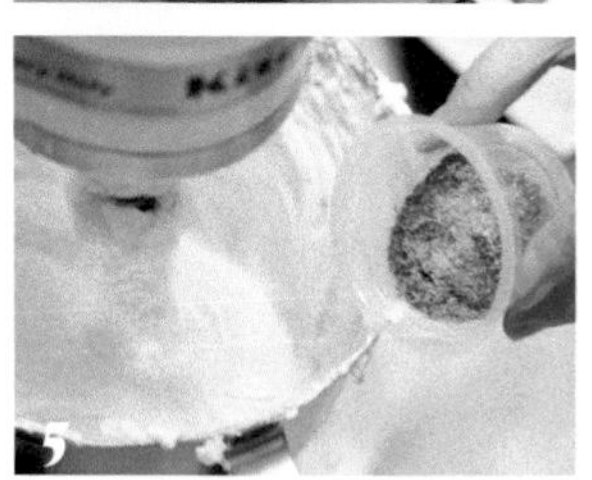

Part 4

｜軟｜糖｜類｜

巧克力洋菜軟糖

成品數量

24x16x3 公分的鋁箔盤一盤

材料

A

洋菜粉 60 公克
水 700 公克

B

麥芽糖 500 公克
細砂糖 150 公克
海藻糖 150 公克

C

深黑苦甜巧克力（切碎）120 公克
糯米紙粉 適量

作法

1.

材料 A 拌勻浸泡 30 分鐘，放入小鍋中以小火煮滾，約煮 2 分鐘，為洋菜粉水。

Tips:
浸泡時需先加完冷水再倒入洋菜粉拌勻。

2.

不沾鍋中倒入洋菜粉水及材料 B 一起以小火加熱煮為糖漿，糖漿的溫度需達 107℃。

3.

作法 2 中加入苦甜巧克力拌至融化。

4.

鋁箔盤噴上烤盤油，倒入作法 3。

5.

待放涼後進冰箱冷藏半天，取出後為巧克力洋菜軟糖。

6.

軟糖表面撒上糯米紙粉，從鋁箔盤倒出後再撒粉於軟糖底部。

7.

砧板上撒些許糯米紙粉，放上軟糖以糖刀切塊。

8.

取一容器，倒入糯米紙粉，把切塊的軟糖放入，均勻的沾裹糯米紙粉後包裝。

Candy's Note

製作軟糖時，煮糖漿的溫度一定要達到所需要的溫度，切勿以大約的溫度來煮糖漿，否則會使黏性增加，導致無法做出 Q 軟的軟糖。

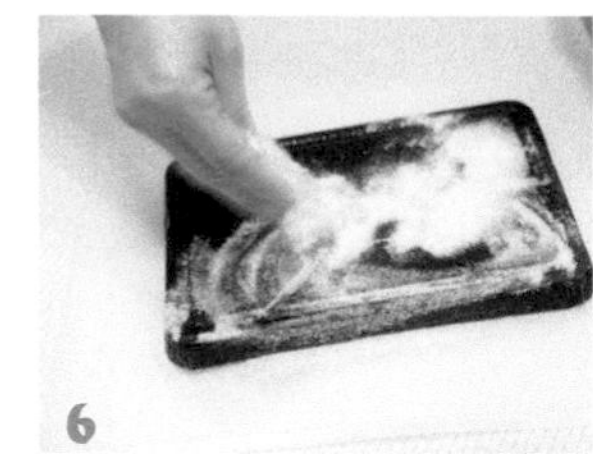

水果洋菜軟糖

成品數量

24x16x3 公分的鋁箔盤一盤

材料

A

冷水 700 公克
洋菜粉 30 公克

B

海藻糖 190 公克
細砂糖 190 公克
麥芽糖 530 公克

C

檸檬酸 1 公克
冷開水 1 公克

D

蜜汁果 100 公克
草莓香精 1 ～ 2 滴

E

糯米紙粉 適量

作法

1.

材料 C 放入容器中泡溶化，為檸檬酸水。

2.

材料 A 拌勻浸泡 30 分鐘，放入小鍋中以小火煮滾，再繼續煮約 2 分鐘即為洋菜粉水。

Tips:
煮洋菜粉水時，需一邊攪拌。

3.

不沾鍋中倒入洋菜粉水與材料 B 一起以小火加熱煮為糖漿，溫度需煮到 107 ～ 109℃再關火。

4.

關火後，倒入檸檬酸水再度開火煮沸。

5.

作法 4 加入材料 D 拌勻後關火。

6.

鋁箔盤上抹上烤盤油，倒入作法 5，待冷卻後進冰箱冷藏半天，取出後為洋菜水果軟糖。

7.

軟糖表面撒上糯米紙粉，從鋁箔盤倒出後再撒粉於軟糖底部。

8.

砧板上撒些許糯米紙粉，放上軟糖以糖刀切塊。

9.

取一容器，倒入糯米紙粉，把切塊的軟糖放入，均勻的沾裹糯米紙粉後包裝。

| 法式水果軟糖—芒果口味 |

成品數量

18x18 公分的方形慕斯框 1 個

材料

A

芒果果泥 300 公克

B

細砂糖 45 公克
軟糖專用果膠粉（快凝粉）6 公克

C

細砂糖 300 公克
葡萄糖漿 60 公克

D

檸檬汁 10 公克

E

檸檬酸 2.5 公克
冷開水 2.5 公克

F

細砂糖 適量

作法

1.

取一容器將材料 E 泡溶化為檸檬酸水。

2.

材料 B 拌勻備用。

3.

芒果果泥與材料 C 攪拌均勻。

4.

作法 3 倒入鍋中，以小火加熱煮至 50 ～ 60℃，分次加入作法 2 及檸檬汁攪拌，再煮至 107 ～ 109℃，關火。

5.

倒入檸檬酸水拌勻，再開火煮沸，煮沸後關火，為芒果軟糖糖漿。

6.

模框噴上烤盤油，且底部墊上保鮮膜（或鋁箔紙），放入烤盤中。

7.

把糖漿倒入作法 6 的模框中，並稍微搖晃烤盤讓糖漿的高度均勻，表面敲平。

Tips:
此一步驟的動作需快速，因軟糖專用果膠粉的冷卻凝固性很快，若動作太慢，會使其凝固。

8.

完成後待其冷卻，表面覆蓋上保鮮膜，進冰箱冷藏半天，為芒果軟糖。

9.

取出脫模後，在軟糖表面、底部與砧板撒上細砂糖。

10.

取一容器倒入細砂糖，軟糖切塊後放入其中，使表面均勻地沾裹細砂糖。

3

7

4

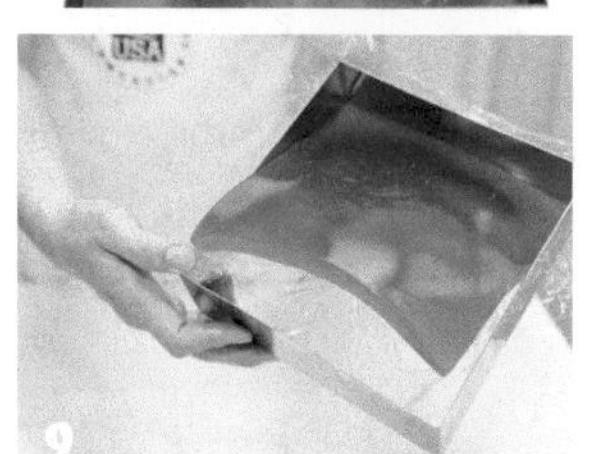
9

5

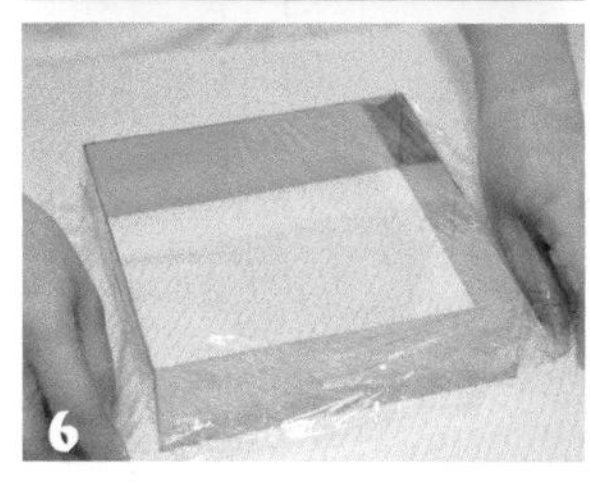
6

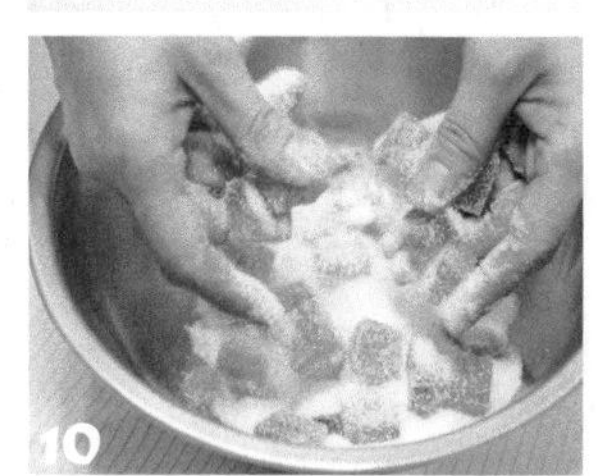
10

｜法式水果軟糖－藍莓口味｜

成品數量

18x18 公分的方形慕斯框 1 個

材料

A

藍莓果泥 300 公克

B

細砂糖 45 公克
軟糖專用果膠粉(快凝粉)6 公克

C

細砂糖 300 公克
葡萄糖漿 60 公克

D

檸檬酸 2.5 公克
冷開水 2.5 公克

E

細砂糖 適量

作法

1.

取一容器將材料 D 泡溶化為檸檬酸水。

2.

材料 B 拌勻備用。

3.

藍莓果泥與材料 C 攪拌均勻。

4.

作法 3 倒入鍋中，以小火加熱煮至 50 ～ 60℃，加入作法 2 攪拌，再煮至 107 ～ 109℃關火。

5.

倒入檸檬酸水拌勻，再開火煮沸，煮沸後關火，為藍莓軟糖糖漿。

6.

模框噴上烤盤油，且底部墊上保鮮膜(或鋁箔紙)，放入烤盤中。

7.

把糖漿倒入作法 6 的模框中，並稍微搖晃烤盤讓糖漿的高度均勻，表面敲平。

Tips:
此一步驟的動作需快速，因軟糖專用果膠粉的冷卻凝固性很快，若動作太慢，會使其凝固。

8.

完成後待其冷卻，表面覆蓋上保鮮膜，進冰箱冷藏半天，為藍莓軟糖。

9.

取出脫模後，在軟糖表面、底部與砧板上都撒上細砂糖。

10.

取一容器倒入細砂糖，軟糖切塊後放入其中，使表面均勻地沾裹細砂糖。

3

4

3

4

3

5

4

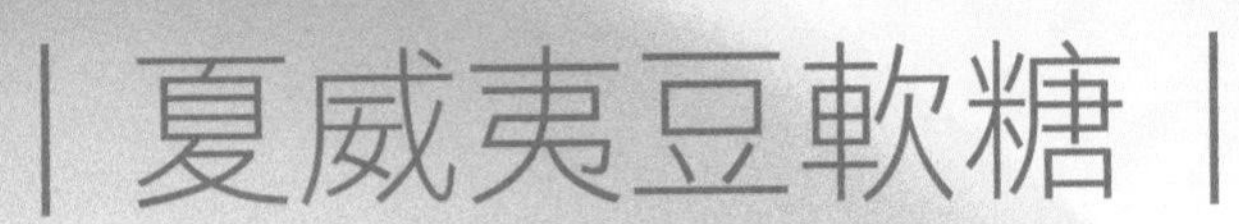

夏威夷豆軟糖

05

成品數量

2.5 斤

材料

A

水 335 公克
洋菜粉 8 公克

B

細砂糖 165 公克
鹽 6 公克
麥芽糖 840 公克

C

細地瓜粉 42 公克
水 85 公克

D

橄欖油 35 公克

E

杏仁片 210 公克
夏威夷豆 335 公克

作法

1.

材料 E 放於烤盤中，送進烤箱以上下火 150℃烤熟，再以上下火 100℃保溫備用。

Tips:
烘烤時需不停翻動，避免烤焦。

2.

容器中放入材料 A 泡 20 分鐘後，倒入鍋中以小火煮沸，約煮 2 分鐘，為洋菜粉水。

3.

洋菜粉水加入材料 B 加熱煮為糖漿，溫度需達 110℃。

Tips:
以攪拌匙將鍋子邊緣沾黏的洋菜粉往中間撥動。

4.

熄火加入拌勻的材料 C 勾芡攪拌。

5.

攪拌後再開火，並以橡皮刮刀不停拌勻，以防焦黑，待糖漿溫度到達 113 ～ 115℃時關火。

6.

倒入橄欖油拌勻。

Tips:
橄欖油要拌至與糖漿無分離狀，否則下個步驟所倒入的堅果會無法黏在糖漿上。

7.

倒入作法 1 以橡皮刮刀翻動，再倒入烤盤中，以擀麵棍壓平。

Tips:
烤盤上須先噴上烤盤油；壓糖團時，需戴上帆布手套避免燙傷。

8.

待冷卻後，用糖刀切塊。

Tips:
包裝時需先以糯米紙包裹，再外包一層糖果紙。

4

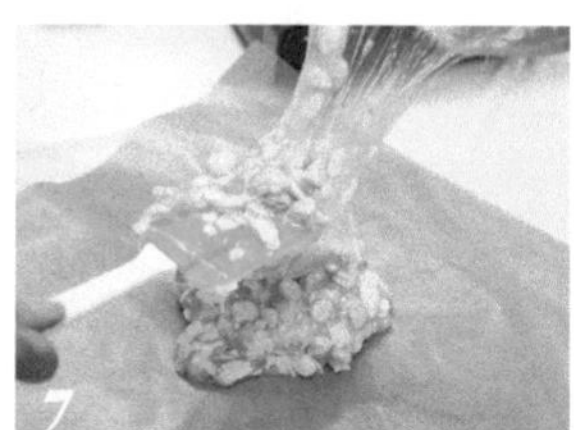
7

5

7

7

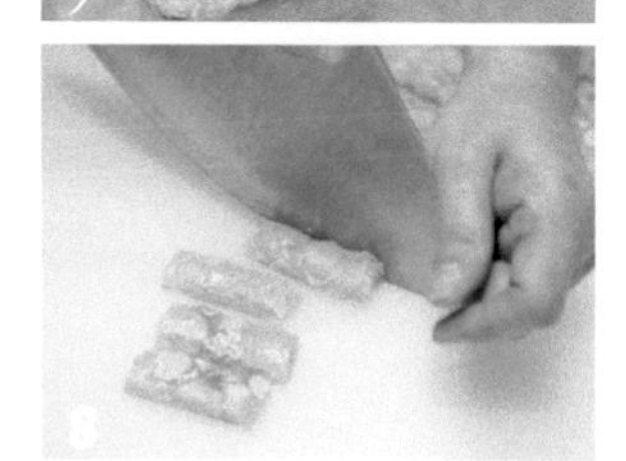
8

Candy's Note

製作軟糖類的糖果時，若遇到需勾芡的步驟，勾芡時一定要關火，避免糖漿中出現麵疙瘩的狀況。

海苔花生軟糖

成品數量

2.5 斤

材料

A

水 215 公克
洋菜粉 10 公克

B

二砂糖 80 公克
鹽 4 公克
黑糖 26 公克
麥芽糖 700 公克

C

細地瓜粉 22 公克
樹薯粉 22 公克
水 65 公克克

D

花生油 35 公克

E

帶皮花生 640 公克
海苔粉 適量

作法

1.

花生放入烤盤中送進烤箱，烤溫以上下火 150℃烤熟，再以上下火 100℃保溫備用。

Tips:
烘烤時需要不停翻動，避免烤焦。
花生也可以直接用鹽炒熟。

2.

取一容器倒入材料 A 泡 20 分鐘後，放入鍋中以小火煮沸，約煮 2 分鐘，為洋菜粉水。

3.

倒入材料 B 加熱煮為糖漿，溫度需達 110℃。

Tips:
以攪拌匙將鍋子邊緣沾黏的洋菜粉往中間撥動。

4.

熄火後加入拌勻的材料 C 勾芡攪拌。

Tips:
若想要呈現出口感較軟的花生軟糖，勾芡時可全部用樹薯粉勾芡。

5.

攪拌後再開火，並以橡皮刮刀不停攪拌，以防焦黑；待糖漿溫度到達 112 ～ 115℃關火。

6.

倒入花生油攪拌，再放入作法 1 拌勻。

Tips:
花生油要拌至與糖漿無分離狀，否則下個步驟所倒入的花生會無法黏在糖漿上。

7.

烤盤鋪上防沾布，倒入作法 6，以擀麵棍擀平。

8.

正反面均撒上海苔粉，且以擀麵棍將海苔粉擀平。

棗泥核桃糖

成品數量

3 斤

材料

A

海藻糖 150 公克
水麥芽 750 公克
水 60 公克
鹽 6 公克

B

純棗泥醬 150 公克
棗泥豆沙 230 公克

C

日本太白粉 36 公克
水 60 公克

D

奶油 80 公克

E

1/8 核桃丁 600 公克

作法

1.

核桃放入烤盤中送進烤箱，以上下火 130℃烤熟，再以上下火 100℃保溫。

2.

材料 A 倒入鍋中，以小火加熱煮為糖漿，溫度需達 120℃。

3.

加入材料 B 以小火拌煮，需煮到豆沙全部化開再熄火。

4.

熄火後加入混合好的材料 C 勾芡攪拌，再開火續煮。

5.

倒入奶油，拌煮到溫度達 118～120℃即熄火。

Tips:
此一步驟中，也可用少許的水滴在微量的糖漿上，放涼測試軟硬度。

6.

作法 5 中加入核桃丁拌勻；烤盤上先抹烤盤油，再將其趁熱倒入。

7.

作法 6 揉壓後以擀麵棍擀平，放置冷卻，再用糖刀切塊，包裝。

黑芝麻軟糖

成品數量

2.5 斤

材料

A

水 110 公克
麥芽糖 670 公克
鹽 2 公克

B

黑芝麻豆沙 335 公克

C

日本太白粉 54 公克

D

洋菜粉8 公克
水 95 公克

E

黑芝麻油 40 公克

F

黑芝麻粉（熟）270 公克
黑芝麻粒（熟）135 公克

作法

1.

容器中放入材料 D 浸泡 20 分鐘，再加入太白粉拌勻為太白粉洋菜水，備用。

2.

材料 F 放在烤盤上進烤箱，以上下火 100℃保溫。

3.

材料 A 放入鍋中以小火加熱煮滾，再放入材料 B 以橡皮刮刀拌勻，將豆沙煮開。

4.

煮開後，加入太白粉洋菜粉水拌勻煮滾，再倒入黑芝麻油。

5.

以橡皮刮刀慢慢翻動，待溫度煮達 109 ～ 110℃立刻關火，加入作法 2 拌勻。

6.

烤盤上鋪上防沾布，倒入作法 5。

7.

手戴上帆布與塑膠手套，均勻的揉壓作法 6，並稍微壓平。

8.

冷卻後，切成 5x5 公分的方片，以袋包裝。

2

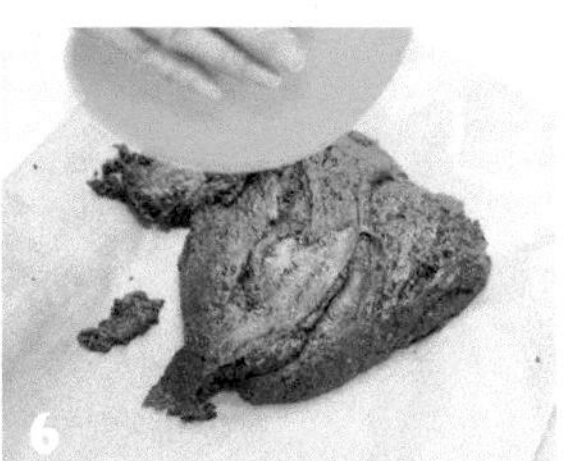
6

4

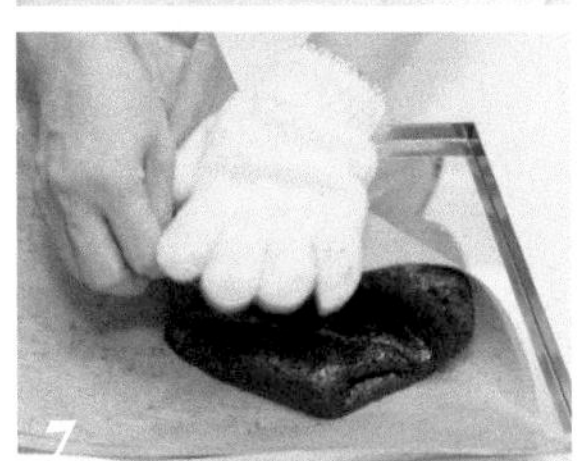
7

4

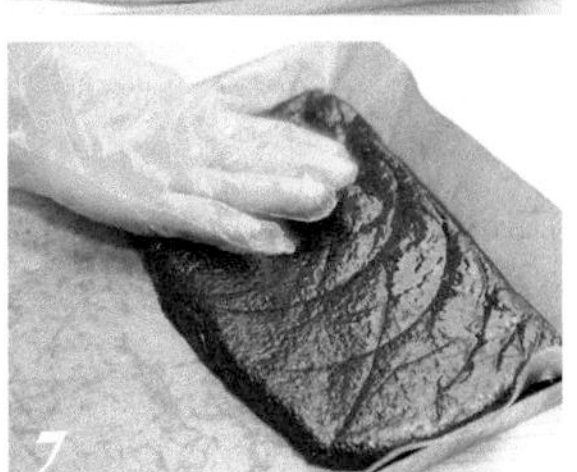
7

5

8

Candy's Note

芝麻軟糖的 2 種軟硬度：

- 製作口感較軟的軟糖，煮糖漿時溫度需煮到 110℃，軟糖切塊成 5x5 公分的大小。
- 製作口感較硬的軟糖，煮糖漿時溫度需煮到 112℃，軟糖切塊成 4.5x1.5 公分的大小。

綠茶夏威夷豆軟糖

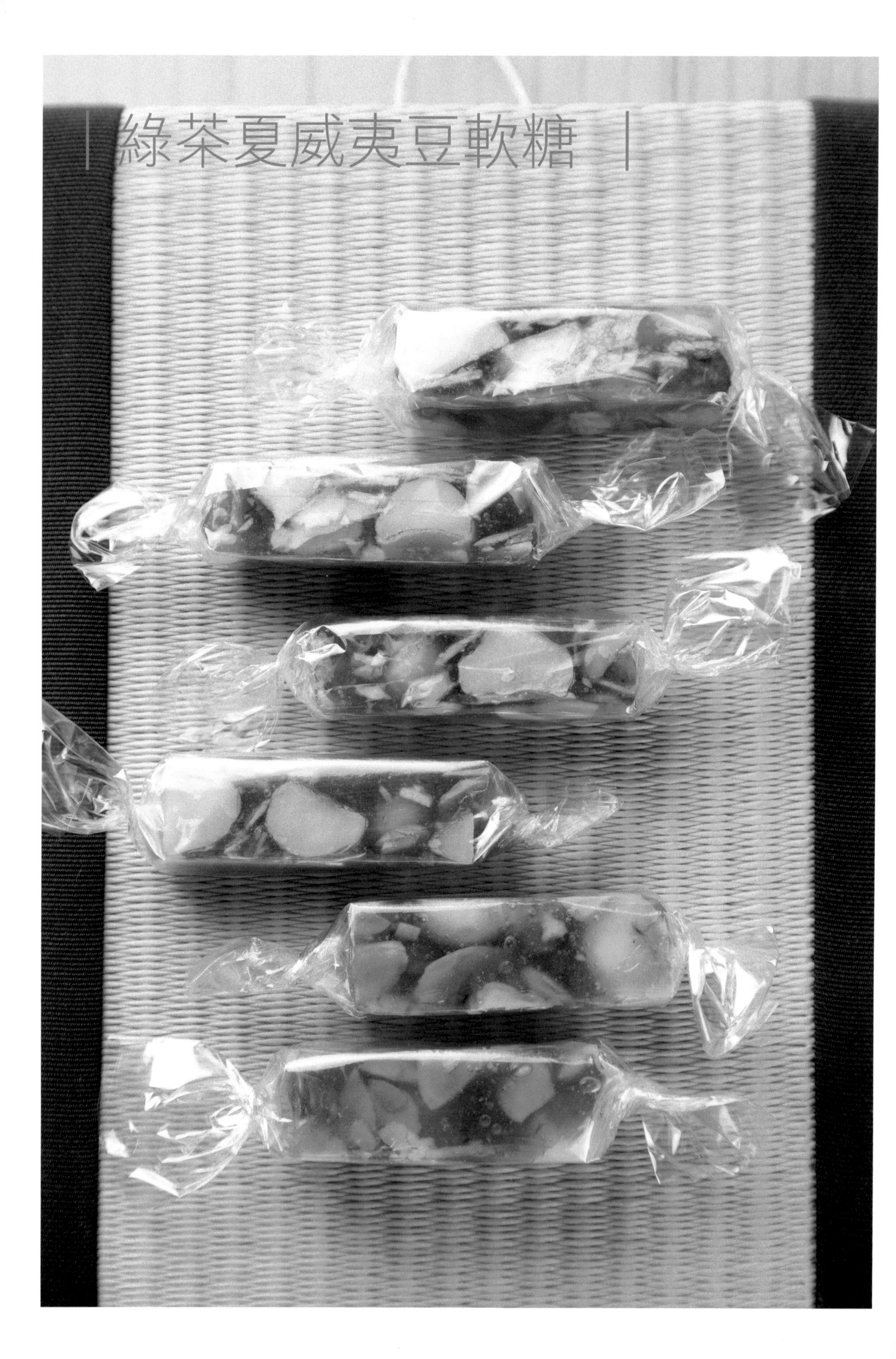

成品數量

2.5 斤

材料

A

水 335 公克
洋菜粉8 公克

B

細砂糖 165 公克
鹽 6 公克
麥芽糖 840 公克

C

細地瓜粉 42 公克
水 85 公克
綠茶粉5 公克

D

橄欖油 35 公克

E

杏仁片 210 公克
夏威夷豆 335 公克

作法

1.

容器中放入材料 C 混合拌勻，備用。

2.

材料 E 各自放於 2 個烤盤中，送入烤箱，上下火各以 150℃烤熟，再以上下火 100℃保溫。

3.

材料 A 倒入容器中浸泡 20 分鐘，再放進鍋中以小火煮沸，約煮 2 分鐘，為洋菜粉水。

4.

洋菜粉水加入材料 B 加熱煮為糖漿，溫度需達 110℃。

5.

熄火加入作法 1 攪拌後，再開火，以橡皮刮刀不停拌勻，以防焦黑。

6.

待溫度煮到 113～115℃再關火，倒入橄欖油拌勻。

7.

加入作法 2 翻攪。

8.

手戴上帆布與塑膠手套；烤盤鋪上防沾布，倒入作法 7，用手將其揉壓並稍微擀平。

9.

降溫後用糖刀切塊；包裝時先用糯米紙包裝，外層再包上糖果紙。

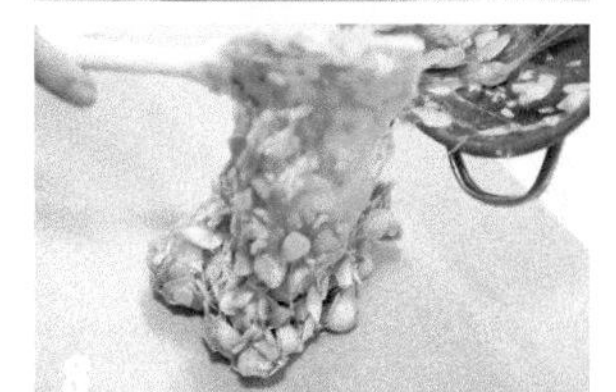

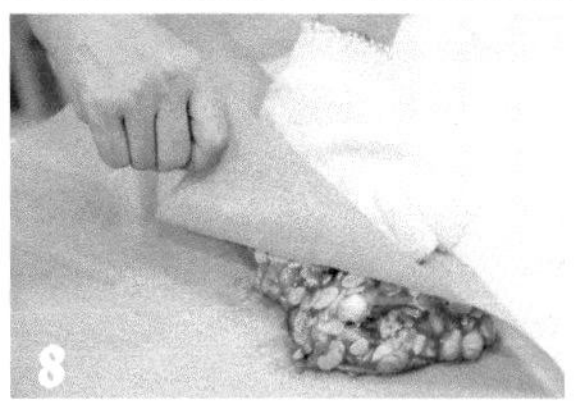

覆盆子夏威夷豆軟糖

成品數量

3 斤

材料

A

覆盆子果泥 200 公克
細砂糖 165 公克
鹽 6 公克
麥芽糖 840 公克

B

細地瓜粉 42 公克
水 85 公克

C

橄欖油 35 公克

D

杏仁片 210 公克
夏威夷豆 335 公克

E

水 135 公克
洋菜粉 8 公克

作法

1.

材料 B 倒入容器中拌勻，備用。

2.

把材料 D 各自放於烤盤中，送入烤箱，上下火各以 150℃烤熟，再以上下火 100℃保溫。

3.

取一容器放入材料 E 浸泡 20 分鐘，再倒入鍋中以小火煮沸，約煮 2 分鐘，為洋菜粉水。

4.

洋菜粉水加入材料 A 以小火加熱煮為糖漿，溫度需達 110℃。

5.

熄火倒入作法 1 勾芡攪拌再開火，以橡皮刮刀不停拌勻，以防焦黑。

6.

待溫度煮到 113 ～ 115℃再關火，倒入橄欖油拌勻。

7.

加入作法 2，以橡皮刮刀翻動均勻；倒入防沾布中，揉壓壓平。

8.

待降溫後用糖刀切塊；包裝時先用糯米紙包裝，外層再包上糖果紙。

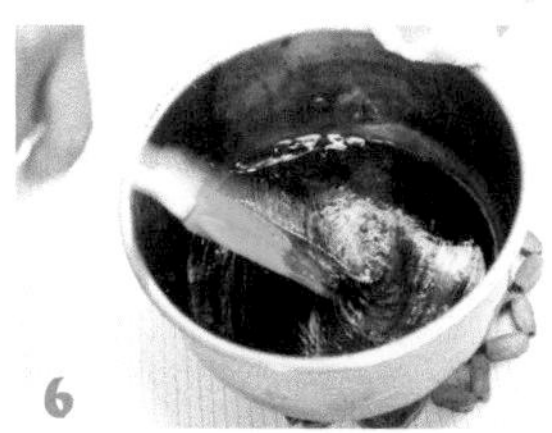

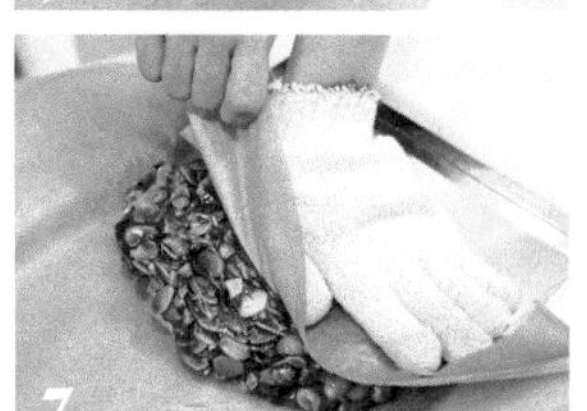

Part 5

|油|炸|類|

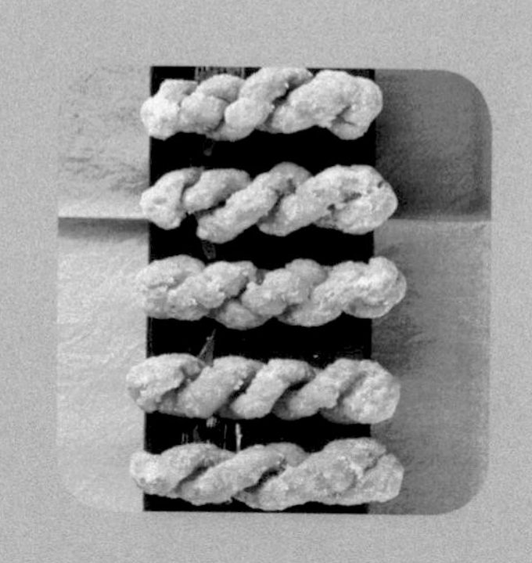

原味沙琪瑪

成品數量 約 40x32x5 公分烤盤一盤
（以 1/2 盤示範）

01

材料

A

高筋麵粉 356 公克
全蛋 200 公克
泡打粉　16 公克
小蘇打粉 1 公克

B

水 125 公克
砂糖 282 公克
麥芽糖　282 公克

C

熟白芝麻 35 公克
葡萄乾　115 公克

D

沙拉油　一鍋

E

麵粉　適量

作法

1.

材料 A 放入容器中，用手揉成一光滑麵團，以塑膠袋包好放置於常溫下 4 小時。

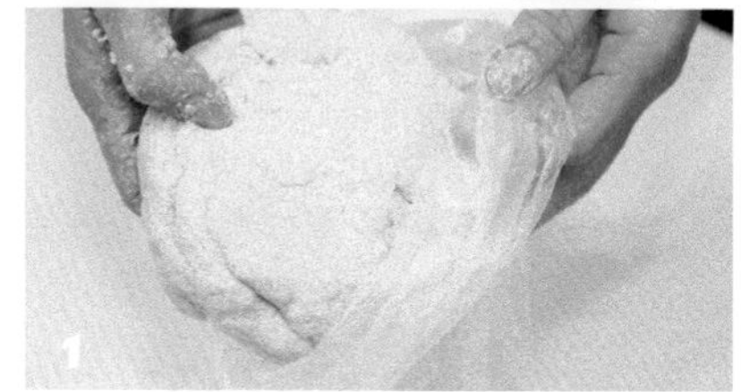

2.

取出塑膠袋中的麵團，擀平為 0.2 ～ 0.3 公分的薄片。

3.

薄片撒上些許麵粉，將其重疊，以菜刀切成麵條狀，撒上些許麵粉後過篩。

Tips: 撒上麵粉，防止麵條沾黏。

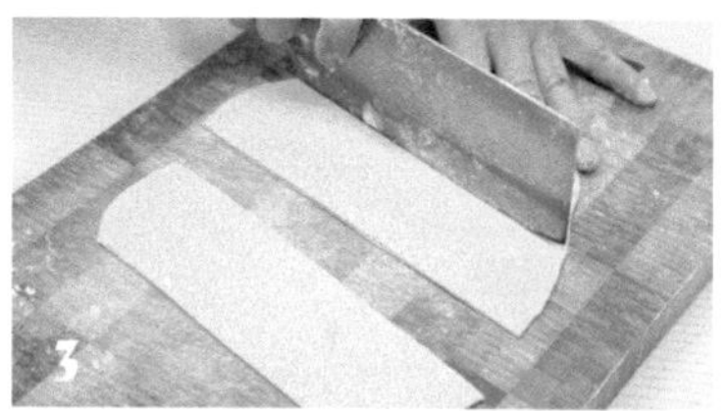

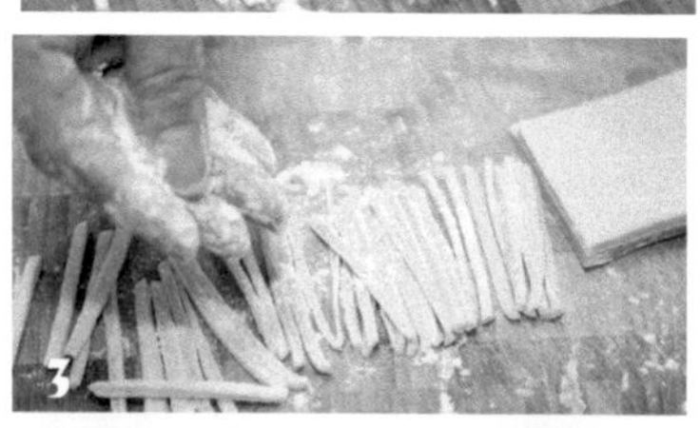

4.

起一鍋油，油溫需到達 180℃，將麵條入油鍋炸至金黃。

Tips: 油炸時，需不停翻動麵條。

5.

待全部炸完後撈起，放在一大鍋中冷卻，倒入材料 C 拌勻。

6.

材料 B 放入鍋中，以小火加熱煮為糖漿，溫度需煮至 115 ～ 116℃，關火。

7.

糖漿倒入作法 5 中，以木匙翻攪。

8.

烤盤噴上烤盤油，倒入作法 7，以橡皮刮板與手輕壓平，整形。

Tips:
先用橡皮刮板整形，再用戴上手套的手輕壓平。

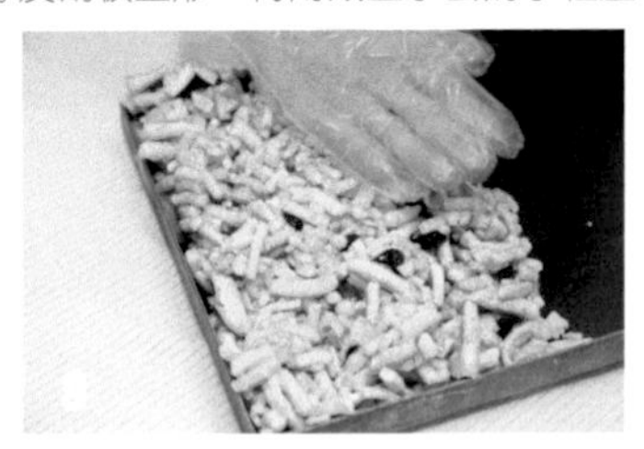

9.

降溫後切成 6x9 公分的塊狀，包裝。

Candy's Note

炸好的沙琪瑪、葡萄乾和芝麻要先入烤箱保溫，避免在室溫下冷卻不好壓模。

黑糖沙琪瑪

成品數量 約 40x32x5 公分烤盤一盤
（以 1/2 盤示範）

材料

A	B	C	D	E
高筋麵粉 356 公克	水 125 公克	熟白芝麻 35 公克	沙拉油　一鍋	麵粉　適量
全蛋 200 公克	細砂糖　140 公克	葡萄乾　115 公克		
泡打粉　16 公克	黑糖 140 公克			
小蘇打粉 1 公克	麥芽糖　282 公克			

作法

1.

容器中放入材料 A，以手揉成一光滑的麵團，塑膠袋包好後放於常溫下 4 小時。

2.

取出袋中的麵團，以擀麵棍擀平成 0.2 ～ 0.3 公分的薄片。

3.

薄片撒上些許麵粉，將其重疊，再以菜刀切成麵條狀，撒上麵粉，過篩。

Tips: 撒上麵粉，防止麵條沾黏。

4.

起一鍋油，油溫需到達 180℃，將麵條入油鍋炸至金黃。

Tips: 油炸時，需不停翻動麵條。

5.

待全部炸完撈起，放在一大鍋中冷卻，倒入材料 C 拌勻。

6.

材料 B 放入鍋中，以小火煮為糖漿，溫度需達 115 ～ 116℃再關火。

7.

糖漿倒入作法 5 中，以鍋鏟攪拌。

8.

烤盤噴上烤盤油，倒入作法 7，以橡皮刮板與手輕壓平，整形。

9.

冷卻後切成 6x9 公分的塊狀，包裝。

綠茶沙琪瑪

成品數量

約 40x32x5 公分烤盤一盤
（以 1/2 盤示範）

材料

A

高筋麵粉 356 公克
全蛋 200 公克
泡打粉 16 公克
小蘇打粉 1 公克

B

水 130 公克
細砂糖 282 公克
麥芽糖 282 公克
綠茶粉 4 公克

C

熟白 芝麻 35 公克
葡萄乾 115 公克

D

沙拉油一鍋

E

麵粉 適量

作法

1.

容器中放入材料 A，用手揉成一光滑的麵團，以塑膠袋包好放置於常溫下 4 小時。

2.

取出袋中的麵團，以擀麵棍擀平為 0.2 ～ 0.3 公分的薄片。

3.

薄片撒上些許麵粉，將其重疊以菜刀切成麵條狀，再撒上些許麵粉，過篩。

4.

起一鍋油，油溫需到達 180℃，將麵條下油鍋炸至金黃。

5.

撈起後放在大鍋中冷卻，倒入材料 C 拌勻。

6.

材料 B 放入鍋中，以小火加熱煮為糖漿，溫度達 115 ～ 116℃關火。

7.

糖漿倒入作法 5 中，以鍋鏟翻攪。

8.

烤盤噴上烤盤油，倒入作法 7，以橡皮刮板與手輕壓平，整形。

9.

降溫後切成 6x9 公分的塊狀，包裝。

3

7

3

7

6

8

6

糖麻花

成品數量 約 20 個（一個約 20 公克）

材料

麵種 A

水 88 公克
速溶酵母 25 公克
中筋麵粉 125 公克

老麵

麵種 A 238 公克
中筋麵粉 37 公克
細砂糖　6 公克

麵團

低筋麵粉 190 公克
中筋麵粉 80 公克
細砂糖　5 公克
沙拉油　2 公克
蛋 15 公克
鹽 3 公克
阿摩尼亞 3 公克
水 135 公克
老麵 30 公克

糖漿

A

細砂糖　200 公克
水 55 公克
麥芽糖　15 公克
鹽 2 公克

B

糖粉（過篩）30 公克

作法

麵種 A

1.

取一容器材料全部倒入後拌勻成團，放入另個容器中覆蓋上保鮮膜，靜置約 90 分。

老麵

2.

把材料倒入容器中，攪拌均勻成團，覆上保鮮膜，讓其發酵半天（室溫下放隔夜，第二天使用）。

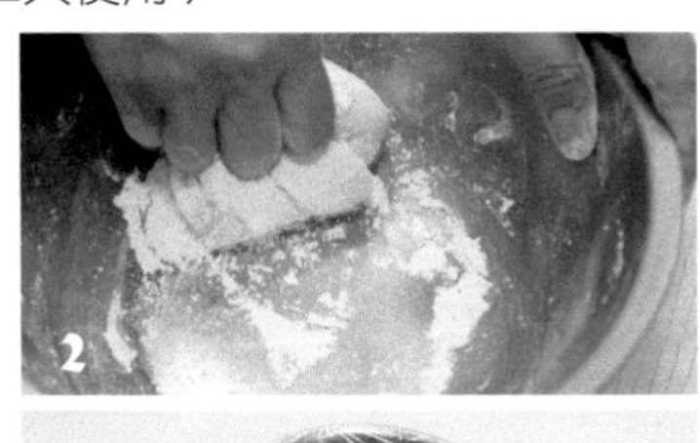

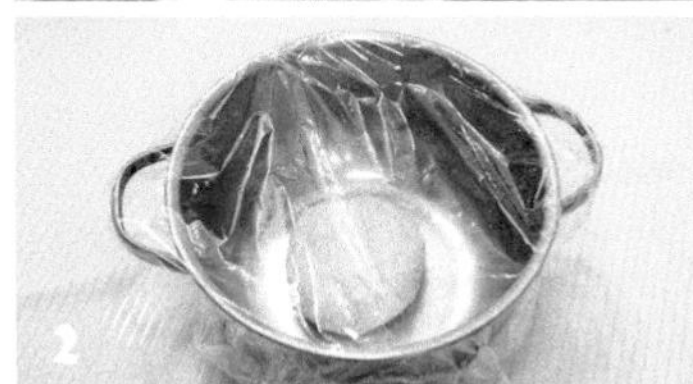

Tips:
發酵後的老麵會產生酸味，呈現 Q 度。

麵團

3.

材料放入容器中拌勻成光滑的麵團，入袋中鬆弛 60 分鐘。

Tips:
麵團的軟硬就如同耳垂般的軟度。

麻花

4.

從袋中取出麵團後，將其分割成數個重 20 公克的麵團。

Tips:
若要製作大一點的麻花，可將麵團分割成 40 公克。

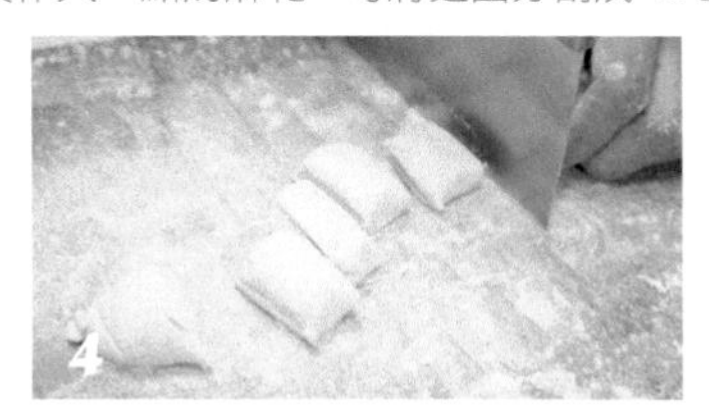

5.

麵團搓長 50 ～ 60 公分（因為麵團有筋度，可分成 2 次搓長）。

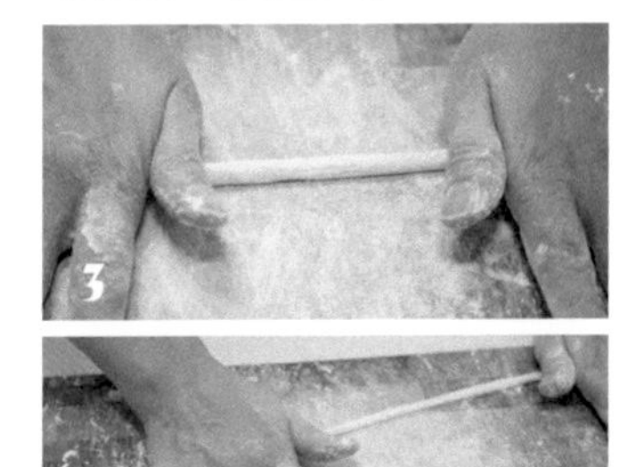

6.

將其對摺，一上一下旋轉，對摺後旋轉再對摺，最後將尾端捏合。

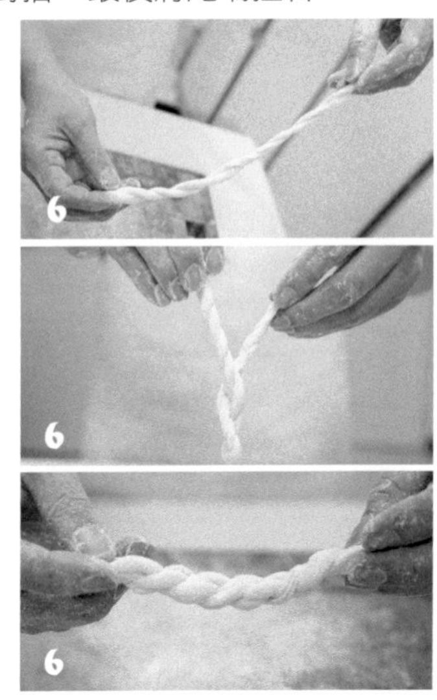

7.

放置烤盤，發酵 30 分鐘以上。

8.

取一鍋，倒入油以中火加熱至 180℃，作法 7 放入油炸，須以筷子不停翻動。

9.

此時油溫會降至 130 ～ 140℃，保持此油溫讓麵團慢炸至酥。

Tips:

炸麵團時需有耐心，因為若沒有炸透，第二天容易導致回軟。

10.

麵團炸到呈現金黃色，即可撈出，瀝油，為麻花。

糖漿

11.

材料 A 放入鍋中以小火加熱煮為糖漿，溫度需達 115 ～ 119℃。

裹糖

12.

趁熱將糖漿倒入麻花中拌勻。

13.

拌勻後，立刻將糖粉加入，以木匙拌至砂糖翻砂變成細砂糖狀。

寸棗

成品數量 約 1 斤

材料

漿團

A

麥芽糖 80 公克
水 115 公克

B

糯米粉 23 公克
水 15 公克

C

糯米粉 185 公克
中筋麵粉 25 公克
泡打粉 5 公克

糖漿

A

細砂糖 115 公克
麥芽糖 8 公克
鹽 1 公克
水 25 公克

B

糖粉（過篩）20 公克

作法

漿團

1.

取一鍋，倒入材料 A 煮滾後放涼。

2.

材料 B 倒入容器中拌成團，壓成薄片放入一鍋滾水中煮熟，放置冷卻。

Tips:
拌成的團，質地需是軟軟的。

3.

作法 1 與作法 2 倒入鍋中，與材料 C 拌成漿團。

Tips:
若拌成的漿團太硬可加一點溫水調和，讓其軟些。

4.

將漿團放入塑膠袋中，鬆弛 30 分鐘。

脆米條

5.

取出後，將其擀成 0.5 公分的薄片，切成長 5 公分、寬 0.5 公分的麵條。

Tips:
砧板上撒些許麵粉，防止麵團沾黏。

6.

熱一鍋油，油溫達 150℃時，放入麵條油炸至硬脆，為脆米條。

Tips:

- 油炸的時間約 10 分鐘以上，麵條炸到成中空狀，且上色至淺咖啡色。
- 若麵條炸好時糖漿尚未煮好，可先將麵條放入烤箱保溫。

糖漿

7.

取一鍋，材料 A 以小火加熱煮為糖漿，溫度需達 115 ～ 118℃。

Tips:

糖漿溫度一定要達到此範圍，否則溫度不夠無法翻砂。

裹糖

8.

糖漿趁熱倒入脆米條內拌勻，拌到出現些許的拉絲狀。

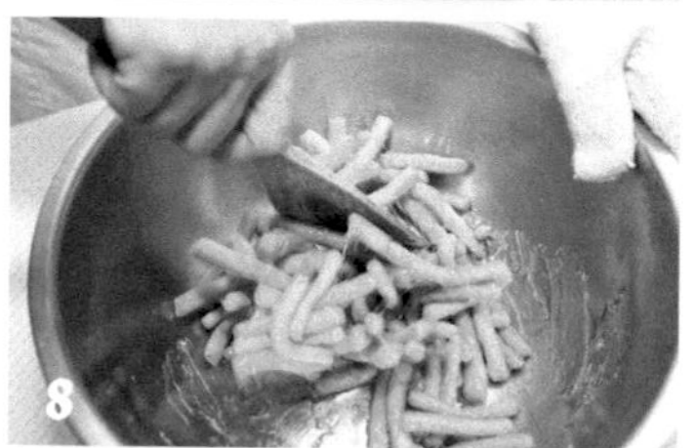

9.

再將糖粉撒入，拌至乾散不黏手即可。

10.

冷卻後再包裝。

Part 6

|棉|花|糖|類|

玫瑰荔枝棉花糖

成品數量

300 公克

材料

A

砂糖 230 公克
轉化糖漿 (糖果用)170 公克
玫瑰荔枝果泥 150 公克
水 35 公克

B

吉利丁片 17 公克

C

玉米粉 (熟) 適量

作法

1.

容器中放入吉利丁片，以冰開水泡軟備用。

2.

材料 A 放入鍋中以小火加熱煮為糖漿，溫度需達 113℃再關火。

3.

加入作法 1，拌至溶化，為玫瑰荔枝糖漿。

4.

玫瑰荔枝糖漿倒入攪拌機的缸盆中，拌打至發泡，呈現光澤感的稠度。

5.

烤盤鋪上防沾布，撒上玉米粉。

6.

擠花袋的頂端剪一小洞，裝上直徑一公分的平口花嘴。

7.

作法 4 填入擠花袋中，在烤盤上擠出心型。

8.

放置冷凍一個晚上，為玫瑰荔枝棉花糖。

9.

取出後的棉花糖不用退冰，直接撒上玉米粉。

10.

用沾過玉米粉的橡皮刮板取下黏在防沾布上的棉花糖。

11.

剪刀先撒上玉米粉，待棉花糖稍微乾一點再修整心型的尾端。

12.

棉花糖整塊均勻的沾裹玉米粉，再用篩網去除多餘的粉末。

13.

完成後即可包裝保存。

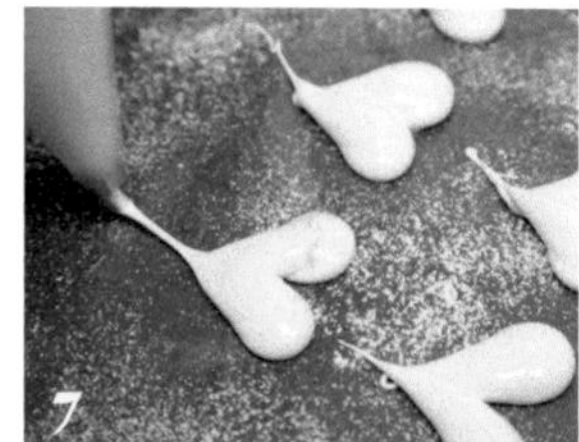

覆盆子棉花糖

成品數量

300 公克

材料

A

砂糖 230 公克
轉化糖漿（糖果用的）170 公克
覆盆子果泥 150 公克
水 35 公克

B

吉利丁片 15 公克

C

玉米粉（熟）適量

作法

1.

吉利丁片放入容器中，以冰開水泡軟備用。

2.

材料 A 放入鍋中小火加熱煮為糖漿，溫度需達 113℃關火。

3.

加入作法 1，拌到吉利丁片溶化，為覆盆子糖漿。

4.

覆盆子糖漿倒入攪拌機的缸盆中，拌打至發泡，呈現光澤感的稠度。

5.

烤盤鋪上防沾布，撒上玉米粉。

6.

擠花袋的頂端剪一小洞，裝上直徑一公分的平口花嘴。

7.

作法 4 填入擠花袋中，在烤盤上擠出水滴型。

8.

放置冷凍一個晚上，為覆盆子棉花糖。

9.

取出後的棉花糖不用退冰，直接撒上玉米粉。

10.

用沾過玉米粉的橡皮刮板取下黏在防沾布上的棉花糖。

11.

棉花糖整塊均勻的沾上玉米粉，再用篩網去除多餘的粉末。

12.

完成後包裝保存。

百香果棉花糖

成品數量 18×18 公分慕斯框 1 個

材料

A

砂糖 230 公克
轉化糖漿（糖果用的）170 公克
百香果果泥 150 公克
水 35 公克

B

吉利丁片 15 公克

C

玉米粉（熟）適量

作法

1.

吉利丁片放入容器中，以冰開水泡軟備用。

2.

防沾布抹上烤盤油放在烤盤上，再放上塗抹烤盤油的方型幕斯框。

3.

材料 A 放入鍋中，以小火加熱煮為糖漿，溫度需達 113℃再關火。

4.

加入作法 1，拌至吉利丁片溶化，為百香果糖漿。

5.

百香果糖漿倒入攪拌機的缸盆中，拌打至發泡，呈現光澤感的稠度。

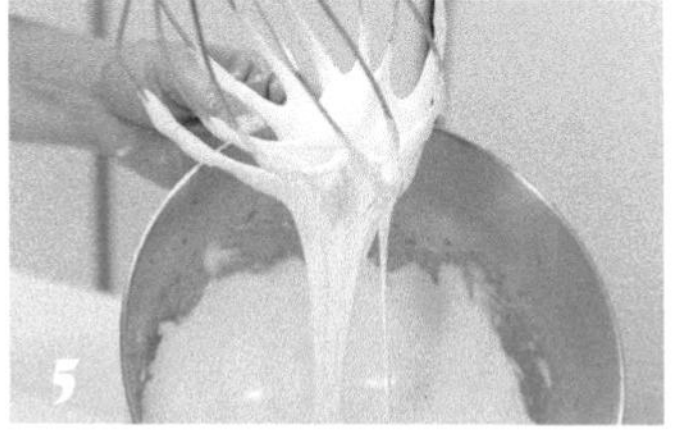

6.

作法 5 倒入作法 2 中，雙手輕晃烤盤使其在模框中分布均勻。

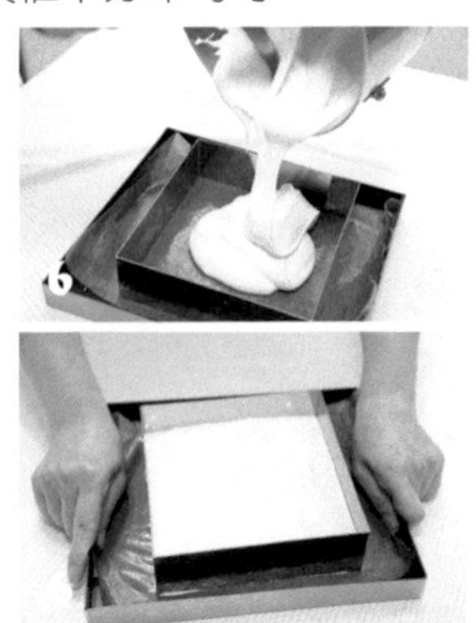

7.

放置冰箱冷凍一個晚上，為百香果棉花糖。

8.

砧板上撒些許的玉米粉。

9.

取出棉花糖後不用退冰，直接在表面撒上玉米粉。

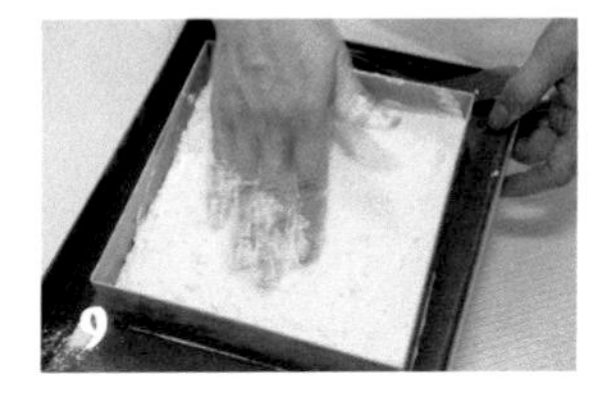

10.

用沾過玉米粉的刮板切除棉花糖四邊，使其脫模，再去掉防沾布。

11.

整塊棉花糖四周均勻的沾上玉米粉，放在砧板上。

12.

刀子表面加熱後撒上玉米粉，將棉花糖切塊。

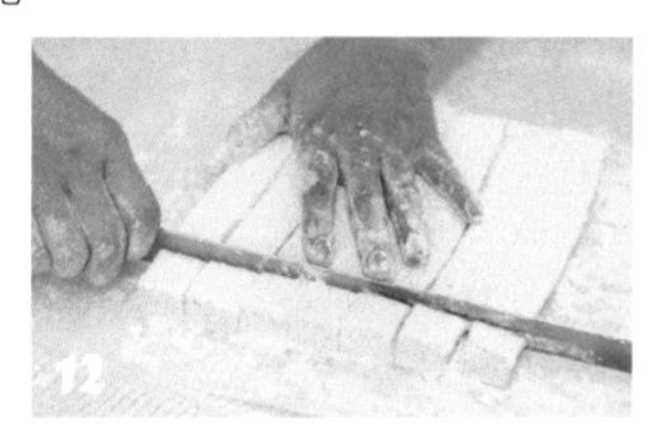

13.

切塊後的棉花糖均勻的沾上玉米粉，再用篩網去除多餘的粉末。

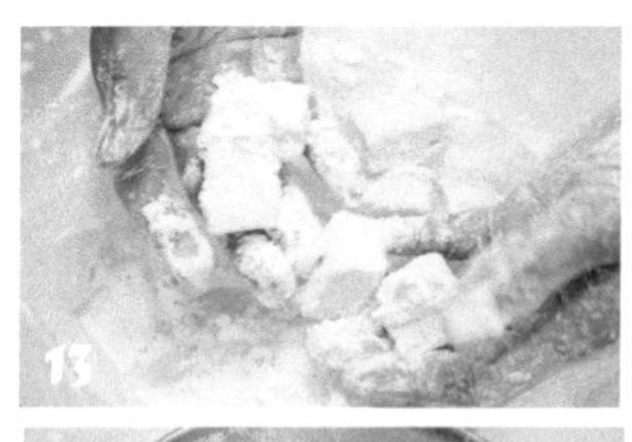

14.

完成後包裝保存。

巧克力棉花球

成品數量 約60個

材料

巧克力棉花球

A

轉化糖漿（糖果用）40 公克
可可粉　10 公克

B

砂糖 120 公克
水 120 公克

C

吉利丁片 10 公克

表面沾用

D

苦甜巧克力 250 公克

E

可可粉 適量

作法

1.

容器中放入吉利丁片用冰開水泡軟備用。

2.

材料 A 倒入容器中拌匀。

3.

材料 B 放入鍋中以小火加熱煮為糖漿，溫度需達 112℃再關火。

4.

加入作法 1，拌到吉利丁片溶化，為巧克力糖漿。

5.

巧克力糖漿倒入容器中，以攪拌器拌打至發泡，呈現光澤感的稠度。

6.

擠花袋的頂端剪一小洞，裝上直徑一公分的平口花嘴。

7.

把完成的作法 5 填入擠花袋中，在烤盤上擠出直徑約 2 公分的小球狀。

8.

放置冷凍一個晚上，為巧克力棉花糖。

9.

苦甜巧克力放入容器中，取一鍋熱水，隔熱水加熱融化，為巧克力醬。

Tips:
巧克力融化的溫度不可超過 50℃

10.

烤盤上鋪上防沾布，撒上可可粉。

11.

取出冷凍過的棉花糖不用退冰。

Tips:
手需沾上玉米粉，防止棉花糖沾黏。

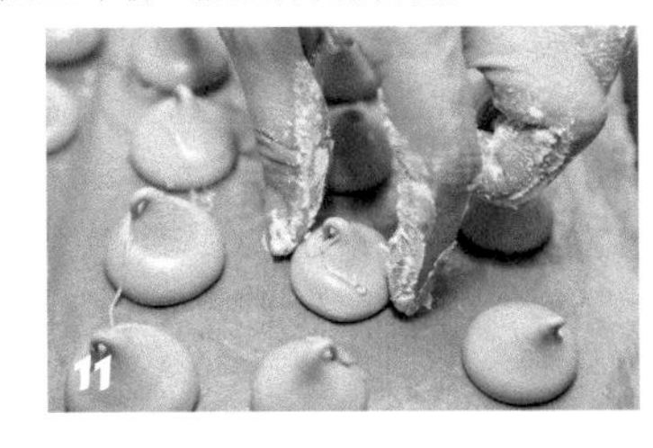

12.

直接以手拿起棉花糖放入巧克力醬中，以叉子均勻裹上。

13.

再用叉子撈起。

14.

撈起後放在烤盤上，撒上可可粉。

15.

待冷卻凝固，再用篩網去除多餘的粉末。

16.

完成後包裝保存。

Part 7

｜其｜他｜類｜

| 紅豆糖丸子 |

成品數量

約 30 粒（一粒約 10 公克）

材料

A

水 100 公克
細砂糖 600 公克
鹽 2 公克

B

無油紅豆沙餡 300 公克

C

低筋麵粉 150 公克

作法

1.

材料 A 放入鍋中，以小火加熱煮為糖漿，溫度需煮到 124 ~ 125℃。

2.

材料 B 分割成數個 10 公克的塊狀，搓圓為紅豆丸子。

3.

紅豆丸子放在烤盤上送入烤箱，以上下火 90℃烤乾，烤時要略滾動紅豆丸子，使其乾燥，取出後冷卻備用。

Tips:
紅豆丸子不可過度乾燥到手一碰就粉碎的程度。

4.

取一盤子倒入低筋麵粉，放進烤箱，烤溫以上下火 150℃，烤到手摸起來會燙的程度，取出後冷卻，過篩。

Tips:
勿烤上色。

5.

竹篩網撒上熟麵粉。

6.

紅豆丸子放入作法 1 中，沾上糖漿後用叉子挑起到竹篩網中。

7.

快速搖晃竹篩網，直到丸子表面的糖漿冷卻變為白色的翻糖。

Tips:
若糖漿使網中紅豆丸子相黏，撒上些許熟麵粉使其分離再繼續。

8.

完成後放入烤箱，利用烤箱的餘溫烘乾，取出待冷卻就可包裝。

糖霜花生粒

成品數量

約 3 斤

材料

A

水 200 公克
細砂糖 1.2 公斤
鹽 6 公克

B

帶皮花生 600 公克

C

低筋麵粉 150 公克

作法

1.

花生放入烤盤中進烤箱，烤溫以上下火 150℃烤熟，烤時需常翻動，取出後冷卻備用。

2.

材料 C 倒入烤盤中送進烤箱，以上下火 150℃烤到以手觸摸會燙即可，取出後冷卻再過篩。

3.

取一小鍋放入材料 A，以小火加熱煮為糖漿，溫度需達 124 ～ 125℃。

4.

竹篩網撒上熟麵粉。

5.

作法 1 放在竹篩網上。

6.

糖漿用湯勺盛起，以慢慢滴下的方式滴在花生粒上，並搖晃竹篩網到糖漿全部加完，為糖霜花生。

Tips:
滴糖漿時，若糖漿使網中的花生相黏，就撒上些許熟麵粉使其分開再繼續。

7.

糖霜花生放入烤箱中，利用烤箱的餘溫烘乾，取出待冷卻後包裝。

黃金薑母糖

成品數量 約 1.5 斤

材料

A

烤熟地瓜泥（去皮）225 公克
老薑泥（去皮）225 公克
水 2 大匙

B

麥芽糖 450 公克
黑糖 150 公克

C

日本太白粉 15 公克
水 15 公克

D

沙拉油 1 大匙

E

玉米粉（熟）600 公克

作法

1.

取一不沾鍋，倒入材料 A 與材料 B 以小火熬煮。

2.

煮時用橡皮刮刀拌勻，以中火煮到略為濃稠，再倒入混合後的材料 C 勾芡攪拌，為薑泥糖漿。

Tips:

‧ 拌煮時須小心鍋中的糖漿噴出。
‧ 濃稠狀為熬煮至較乾，且有顆粒狀。

3.

以電子溫度計測量，待糖漿的溫度約達 95℃，加入沙拉油拌勻並慢慢翻攪。

4.

待作法 3 煮到溫度為 108 ～ 110℃立刻關火，稍微拌涼後倒在防沾布上揉勻，冷卻為薑糖團。

Tips:

揉壓薑糖團不僅可使糖團散熱，製作出的薑糖也較 Q。

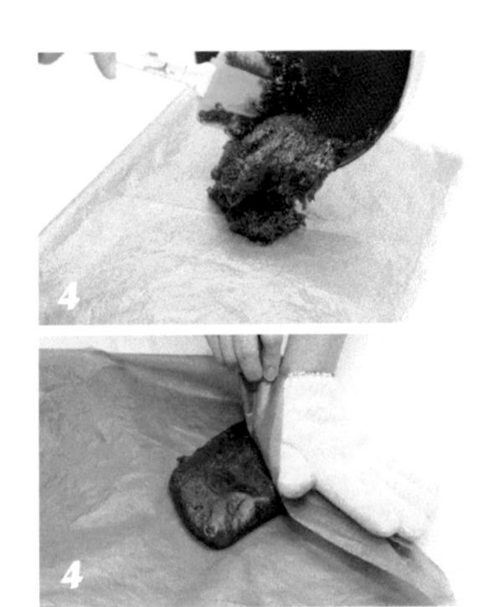

5.

烤盤裡鋪上熟玉米粉（或太白粉），放上薑糖團，在其表面也撒上玉米粉。

6.

把薑糖團切為條狀，搓成長條。

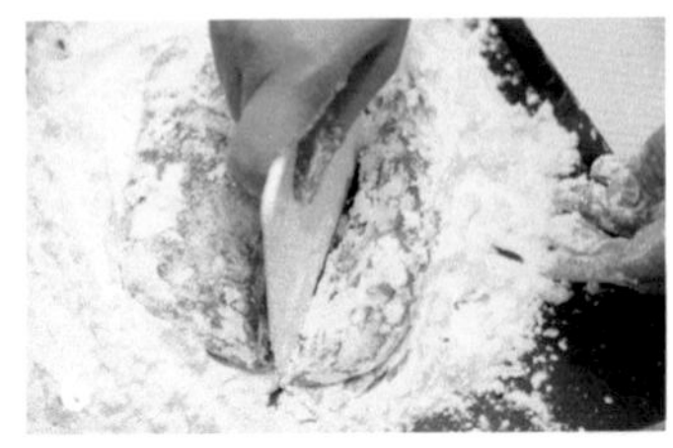

7.

趁糖團微熱時，用食材專用剪刀，剪成小段，再把多餘的玉米粉過篩去除。

Candy's Note

製作薑糖時，可把剩餘的玉米粉過篩濾掉雜質放在烤盤上鋪平，進烤箱中以上下火90℃烤乾，取出後放置冷卻包裝，下次可再利用。

彩糖夏威夷豆

成品數量 每種口味約半斤

材料

草莓彩糖夏威夷豆

A

草莓果泥 35 公克
水 35 公克
細砂糖 100 公克

B

夏威夷豆 200 公克
草莓粉 2 大匙

綠茶彩糖夏威夷豆

C

水 50 公克
細砂糖 100 公克
綠茶粉 2 茶匙

D

夏威夷豆 200 公克

柳橙彩糖夏威夷豆

E

水 50 公克
細砂糖 100 公克
黃色色素 1 滴

F

夏威夷豆 200 公克
柳橙香粉 5 公克

作法

草莓彩糖夏威夷豆

1.

夏威夷豆放入烤盤中進烤箱，烤溫以上下火各 150℃烤熟，烤的中途要常翻動，烤至金黃色後以上下火 100℃保溫。

2.

材料 A 放入鍋中，以小火加熱煮為糖漿，溫度需達 120℃，再關火。

3.

鍋中加入草莓粉和作法 1，用湯匙持續攪拌，直到表面出現翻砂的狀態。

Tips:
草莓果泥含有酸性，攪拌時間須久一點才會翻砂。

綠茶彩糖夏威夷豆

4.

夏威夷豆放入烤盤中，送進烤箱，烤溫以上下火 150℃烤熟，烤的中途要常翻動，烤至金黃色後以上下 100℃保溫。

5.

材料 C 放入鍋中，以小火加熱煮為糖漿，溫度需達 120℃，關火。

6.

作法 5 中加入夏威夷豆，用湯匙持續攪拌，直到表面出現翻砂的狀態。

柳橙彩糖夏威夷豆

7.

夏威夷豆放入烤盤中，入烤箱，烤溫以上下火 150℃烤熟，烤的中途需常翻動，烤至金黃色，再以上下火 100℃保溫。

8.

材料 E 放入鍋中，以小火加熱煮為糖漿，溫度達 120℃，再關火。

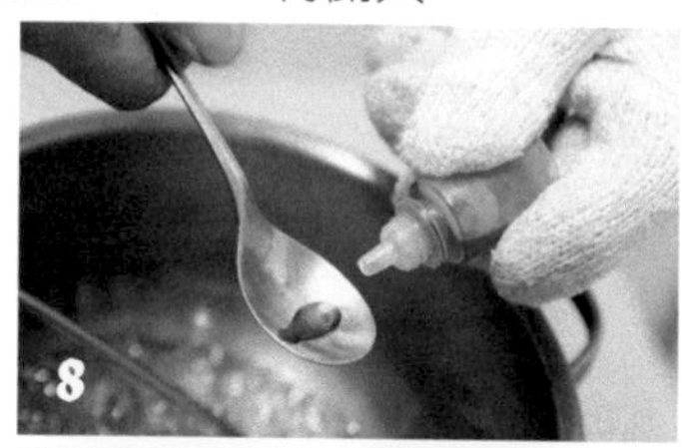

9.

作法 8 中加入柳橙香粉和作法 7，以湯匙持續攪拌，直到表面出現翻砂。

Part 8

|蛋|白|糖|

草莓蛋白糖

成品數量

依個人喜好擠出的大小而定

材料

A

新鮮蛋白 150 公克
細砂糖240 公克

B

紅色色素一滴
天然草莓粉 15 公克

C

裝飾用銀珠 適量

作法

1.

材料 A 倒入攪拌機的缸盆中，拌打至發泡為蛋白霜，蛋白霜拉起需呈現鳥嘴狀。

2.

作法 1 中加入天然草莓粉，拌打均勻。

3.

作法 2 中滴入一滴紅色色素，拌打後為草莓蛋白糖霜。

4.

擠花袋的尖端剪去一小口，裝上花嘴備用。

5.

草莓蛋白糖霜填入擠花袋中，依個人喜好在烤盤上擠出不同形狀，如貝殼型、圓型、小菊花型等。

6.

在各型狀的表面撒上裝飾用的銀珠，完成後送入烤箱。

7.

烤溫以上下火 80～90℃的低溫，烘烤 4～5 小時，完成後為草莓蛋白糖。

8.

作法 7 取出後，待冷卻再放入袋中或盒中保存。

Candy's Note

烘烤蛋白糖的目的在於使蛋白糖中的水分蒸發，尤其是糖的中心點，如此烘烤出來的成品才不會龜裂。

| 橘子蛋白糖 |

成品數量

依個人喜好擠出的大小而定

材料

A

新鮮蛋白 150 公克
細砂糖240 公克

B

橘色色素一滴
橘子香粉 10 公克

C

裝飾用銀珠 適量
咖啡攪拌木棒 5 ～ 10 支

作法

1.

材料 A 倒入攪拌機的缸盆中，拌打至發泡為蛋白霜，蛋白霜拉起需呈現鳥嘴狀。

2.

作法 1 中加入橘子香粉，拌打均勻。

3.

作法 2 中滴入一滴橘色色素，拌勻後為橘子蛋白糖霜。

4.

擠花袋的尖端剪去一小口，裝上花嘴備用。

5.

橘子蛋白糖霜填入擠花袋中，依個人喜好在烤盤上擠出不同形狀。

6.

在蛋白糖霜中間擺上一支木棒，再擠上造型，覆蓋住木棒。

7.

完成後送入烤箱，以上下火 80 ～ 90℃的低溫，烘烤 5 ～ 6 小時，出爐後為橘子蛋白糖。

8.

蛋白糖放涼後即包裝保存。

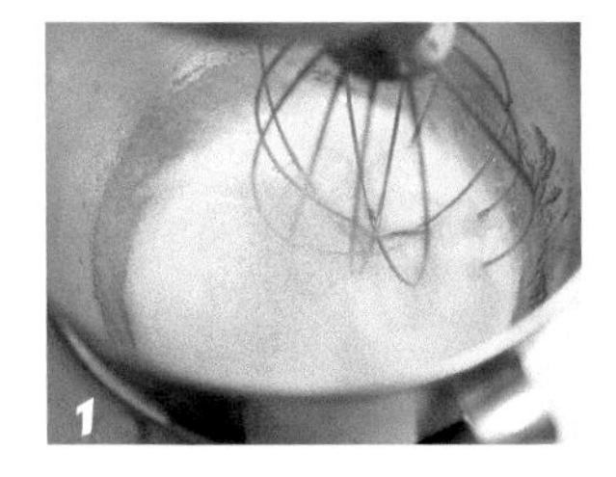

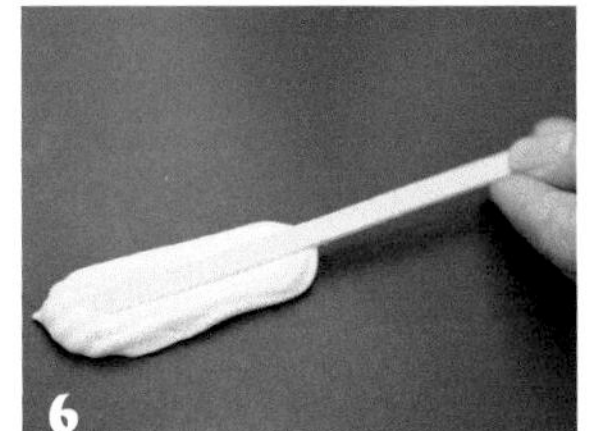

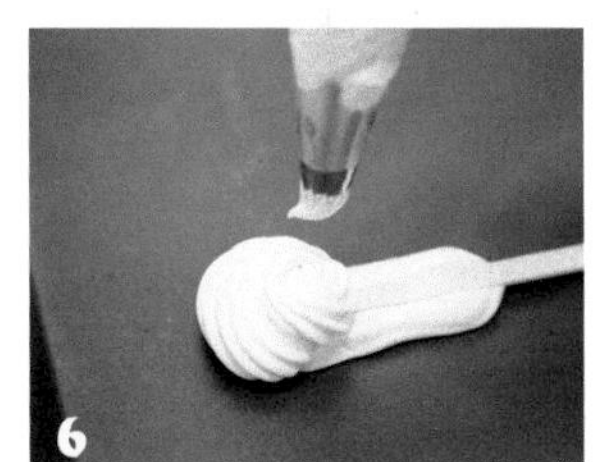

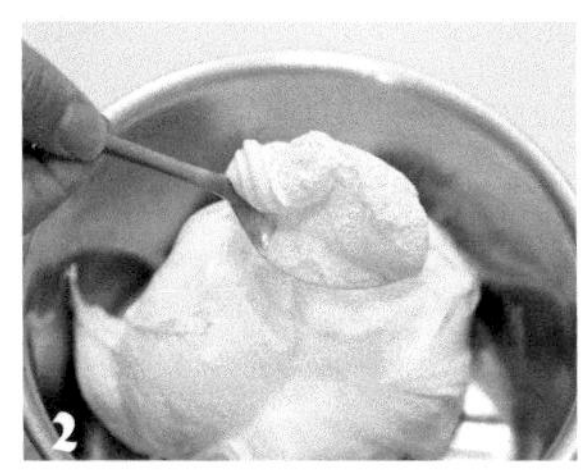

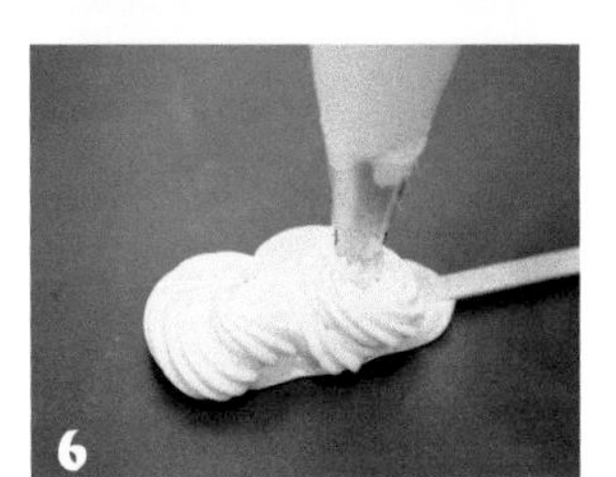

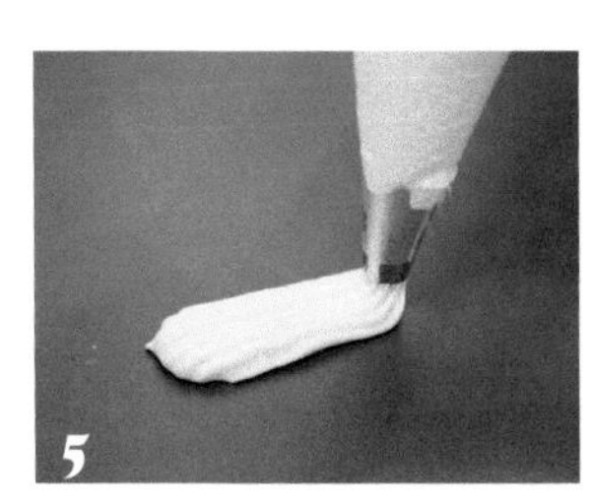

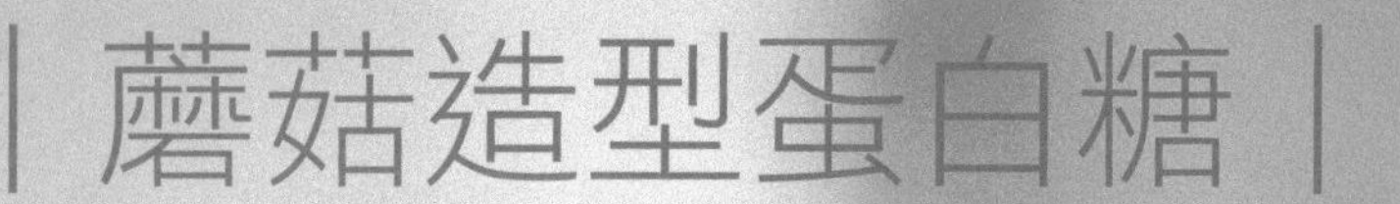
蘑菇造型蛋白糖

成品數量

依個人喜好擠出的大小而定

材料

A

新鮮蛋白 150 公克
細砂糖240 公克

B

各色色素（紫色、紅色、藍色）適量

作法

1.

材料 A 倒入攪拌機的缸盆中，拌打至發泡為蛋白霜，蛋白霜拉起需呈現鳥嘴狀。

2.

蛋白糖霜分 4 份放入 4 個小碗中。

3.

每個碗中分別適量的滴入不同顏色的色素，且與蛋白糖霜調勻。

4.

準備 4 個擠花袋與一個口徑 0.5 公分的花嘴；擠花袋的尖端剪去一小洞後裝上花嘴。

5.

4 個擠花袋中分別裝入白、紫、紅、藍色的蛋白糖霜。

6.

白色蛋白糖霜在烤盤上擠出蘑菇柄的部分，柄的頂部以食指沾水略為壓平。

7.

各種顏色的蛋白糖霜在烤盤上擠出半圓形的形狀。

8.

半圓形上擠上不同顏色的小圓點，為蘑菇頭。

Tips:
小圓點的顏色可依個人喜好自行改變。

9.

作法 7 中剩餘的白色蛋白霜可作為黏著劑備用。

10.

使用黏著劑黏合蘑菇柄與蘑菇頭。

11.

完成後放入烤箱中，烤溫以上下火 80℃，烘烤 5 ～ 6 小時，待蛋白糖霜中的水分完全蒸發，為蛋白糖。

12.

取出成品，待冷卻後就可包裝保存。

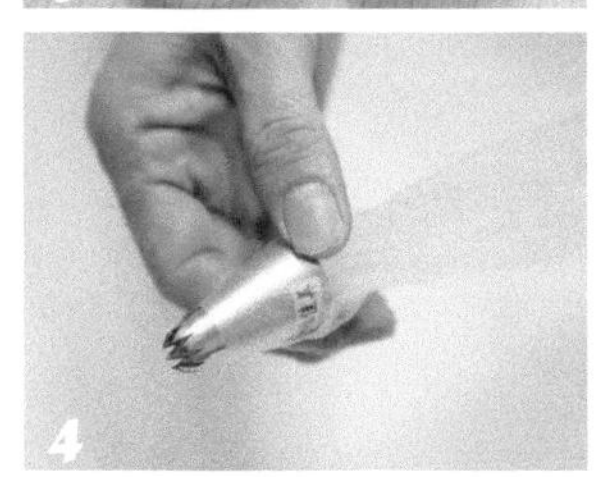

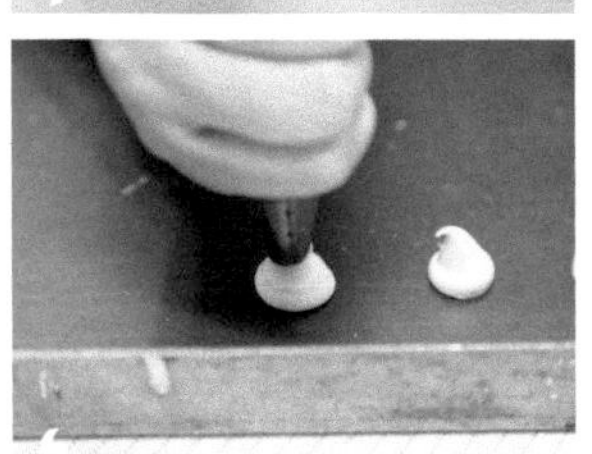

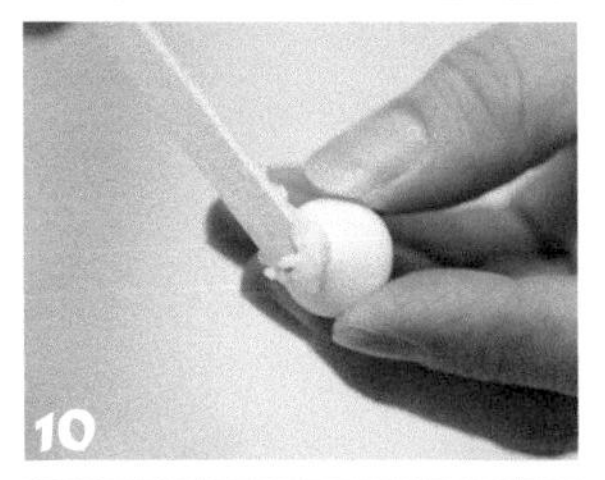

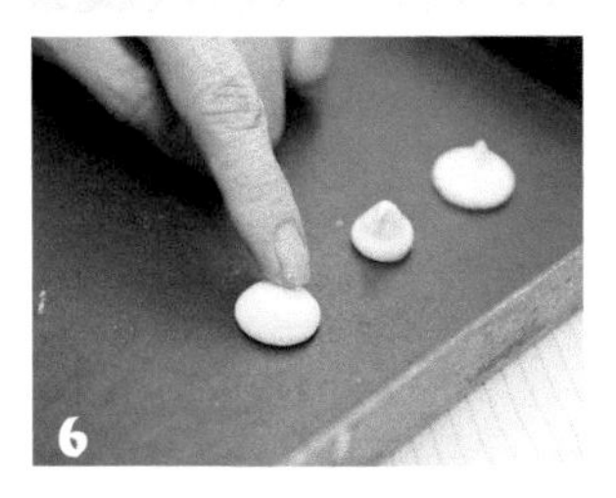

Part 9

蛋白糖偶類

蛋白糖偶的配方 - 蛋白霜的製作

材料

蛋白粉 30 公克
溫開水 65 公克
糖粉 450 公克

作法

1.

糖粉過篩。

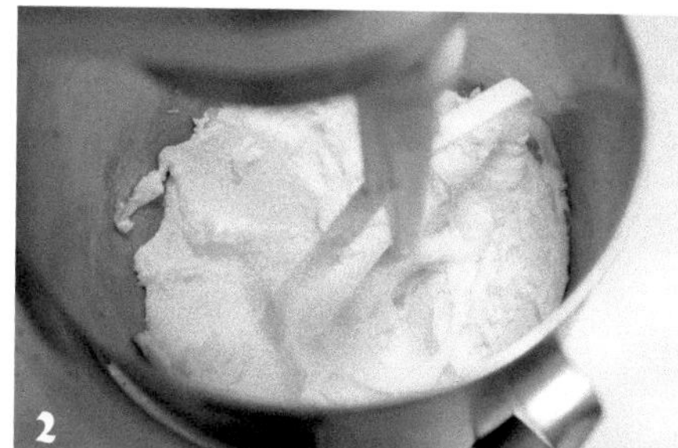

2.

蛋白粉、糖粉與溫開水倒入攪拌機的缸盆中，拌打至發泡為蛋白糖霜。

Tips:
需拌打至拉起時呈現鳥嘴狀。

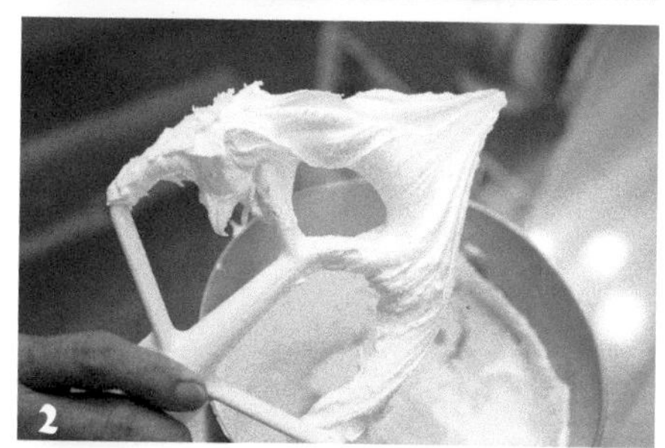

3.

若需要有顏色的蛋白糖霜，可調入所需的顏色色膏。

4.

所需要的蛋白糖霜裝入擠花袋中備用，其餘的裝入容器中以保鮮膜或濕布覆蓋，避免乾掉。

Candy's Note

本配方所使用的材料為美國惠爾通的調和蛋白粉和美國糖粉。

｜憨厚的大頭牛｜

（附紙型圖見 190 頁）

材料

- 蛋白糖霜
- 色素：粉紅色、黑色、咖啡色
（各色蛋白糖霜的製作，參考 161 頁）

工具

- 擠花袋
- 使用的花嘴：
直徑 0.5 公分的平口花嘴、
4 號、5 號花嘴
- 描圖紙
- 中型工具棒
- 花嘴轉接頭
- 水彩筆（細）
- 膠帶
- L 型資料夾

作法

紙型

1.

在大頭牛的紙型上放張描圖紙，用筆描繪身體、與四肢的線條。

2.

描好的描圖紙以膠帶固定在 L 型資料夾中，表面再黏上另張空白的描圖紙。

身體

3.

裝有白色糖霜的擠花袋接上轉接頭後再接上 0.5 公分的平口花嘴，擠出一個立體的水滴形狀。

Tips:
可用沾水的手指修整形狀。

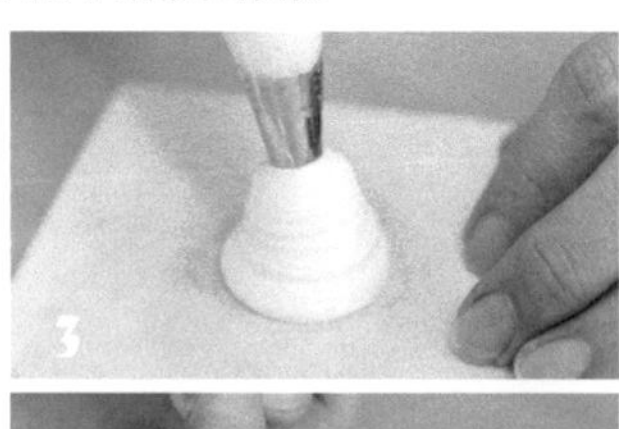

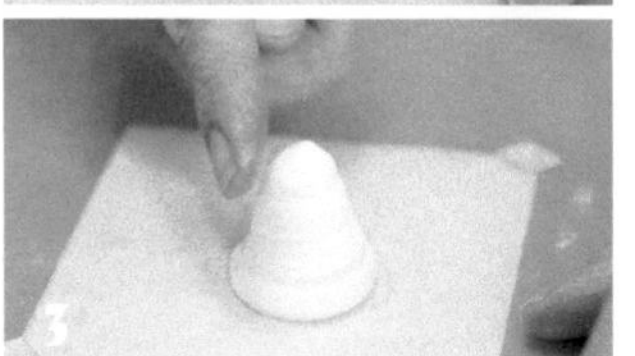

4.

5 號花嘴依紙型在身體旁擠出下肢。

Tips:
必須趁身體還未乾時擠上後腳。

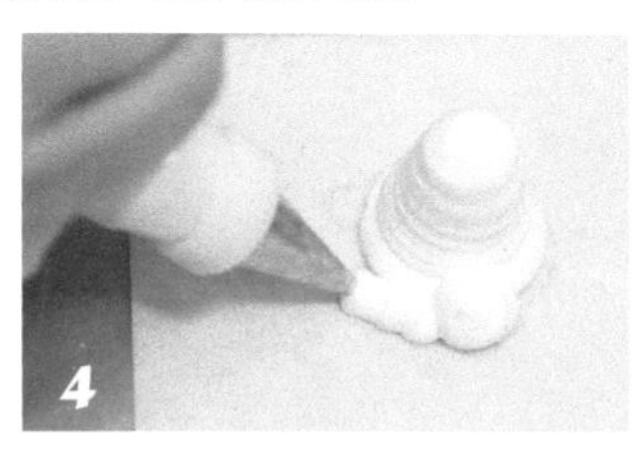

5.

以裝有黑色糖霜的擠花袋，在身上點出斑點。

6.

黑色糖霜的擠花袋擠出下肢的蹄，放置乾燥。

7.

上肢依紙型擠出後，再以黑色糖霜擠出斑點與蹄，乾燥備用。

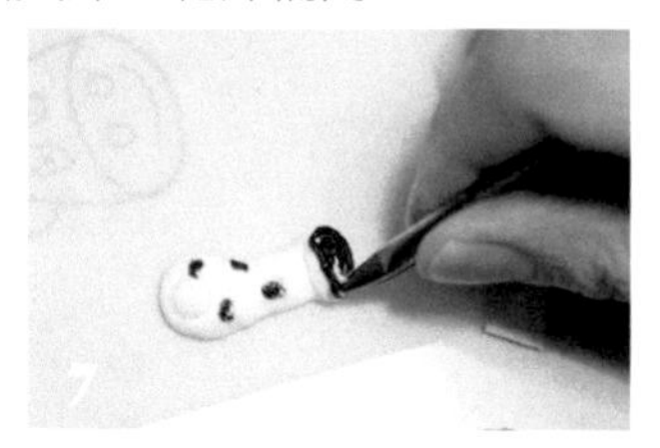

頭

8.

白色糖霜填入擠花袋中，接上 0.5 公分的平口花嘴，依紙型擠出臉型。

9.

耳朵以 4 號花嘴擠出白色的三角型，再以粉紅色糖霜填滿。

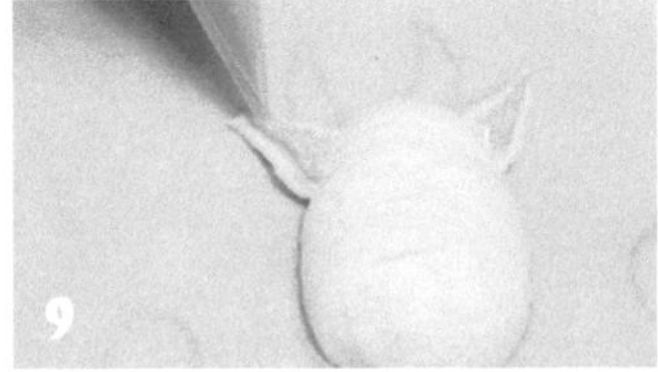

10.

臉的下半部擠上一層薄薄的粉紅色糖霜為鼻子，水彩筆沾溼後將紋路撫平。

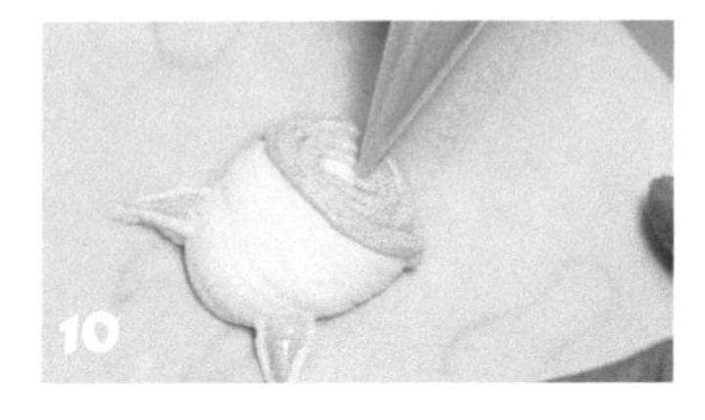

11.

鼻孔擠出 2 個白色小圓圈，水彩筆在下方畫出嘴巴。

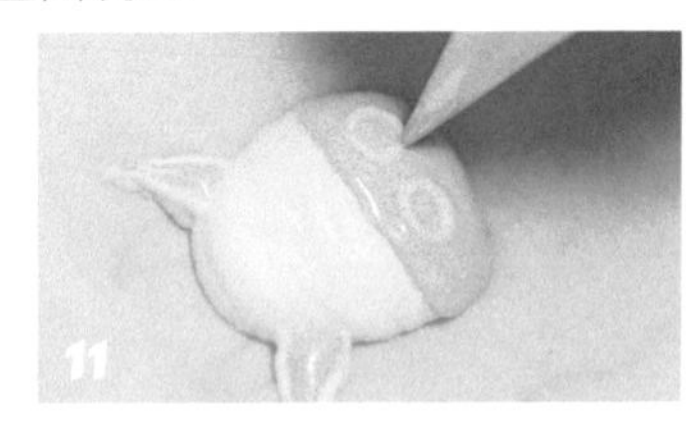

12.

臉的上半部眼睛的地方，以丸型工具沾水壓出一個小凹洞。

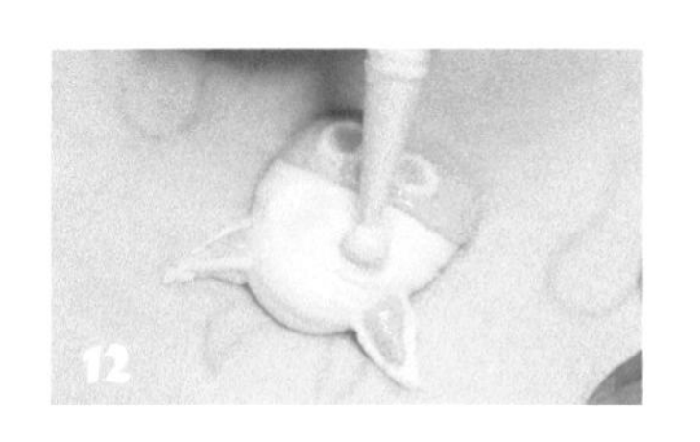

13.

白色糖霜擠花袋接上 4 號花嘴，將眼睛凹洞補滿。

組合

14.

牛的上肢與身體以糖霜為黏著劑黏合，再黏上頭。

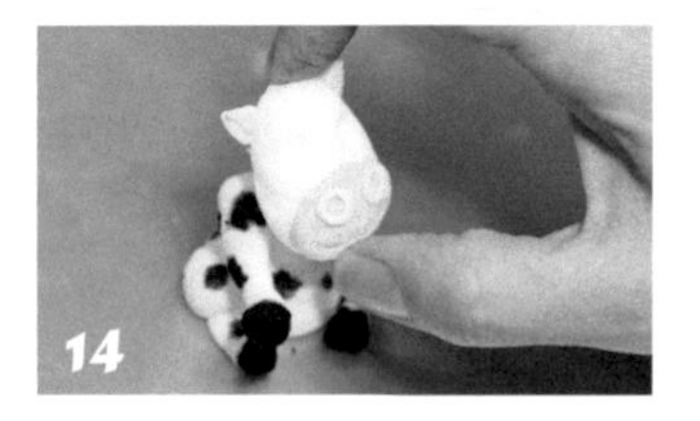

15.

頭頂上擠出咖啡色的牛角。

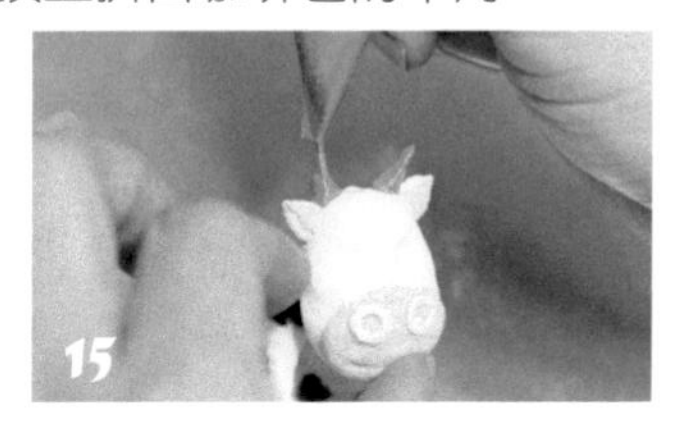

16.

眼睛以 4 號花嘴擠上白色的眼白，再擠出黑色眼珠。

優雅的天鵝

（附紙型圖見 189 頁）

材料

- 蛋白糖霜
- 細砂糖（撒於表面）
- 色素：黃色、黑色、綠色、咖啡色
（各色蛋白糖霜的製作，參考 161 頁）

工具

- 使用的花嘴：
直徑 0.5 公分的瓶口花嘴、
363 號花嘴
- 水彩筆（細）
- 牙籤
- 描圖紙
- 剪刀
- 膠帶
- L 型資料夾
- 花嘴轉接頭

作法

紙型

1.

在天鵝的紙型上放張描圖紙，用筆描繪天鵝的型體線條，反面再描會一次。

2.

描好的描圖紙以膠帶黏住四角，固定在 L 型資料夾中，表面再黏上另張空白的描圖紙。

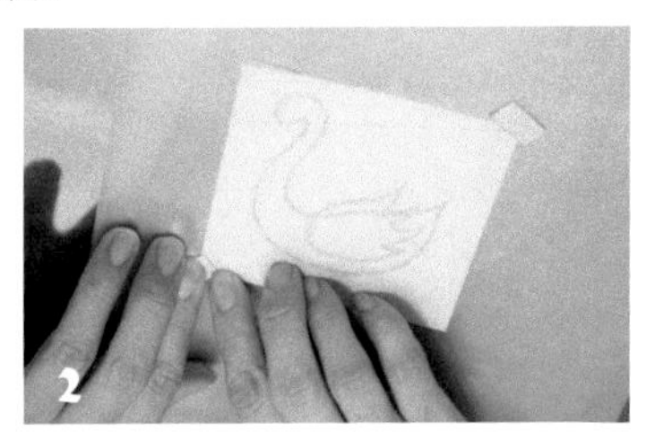

天鵝

3.

先擠右邊的天鵝，以 0.5 公分的平口花嘴依描圖紙的線條範圍內擠出白色糖霜，且填滿型狀。

Tips:
擠時需一邊控制力道的大小與停留的時間。

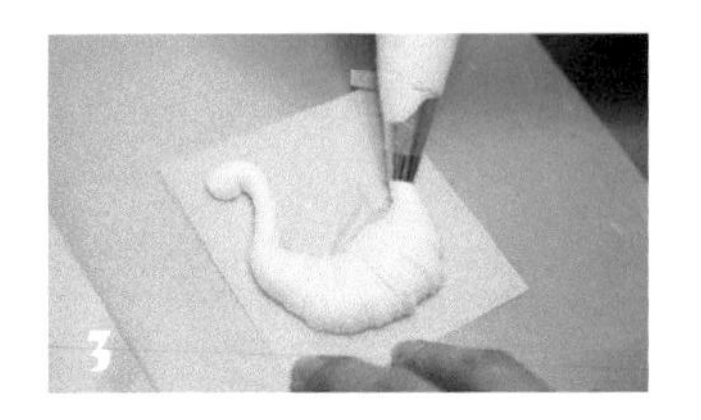

4.

以沾濕的水彩筆及手指修整形狀，撒上細砂糖，多餘的砂糖倒回袋中。

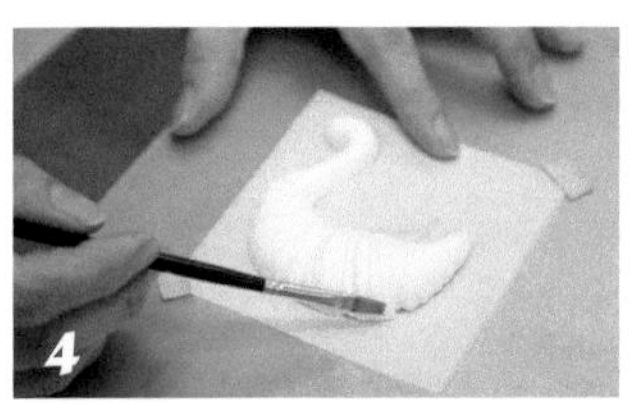

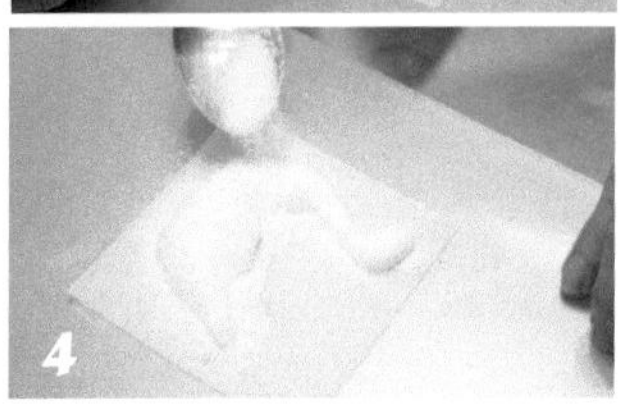

5.

完成後再擠左邊的天鵝。

6.

翅膀：取張空白的描圖紙，依作法 2 的做法，以 0.5 公分的平口花嘴依紙型擠出翅膀，撒上細砂糖放於烤盤上乾燥。

底座

7.

底座：底座的紙型上放張空白描圖紙，用 363 號花嘴以螺旋紋在紙上擠滿綠色糖霜，乾燥，備用。

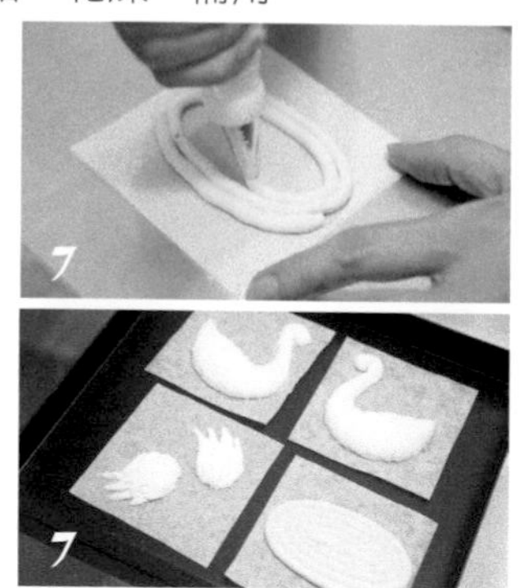

組合

8.

左右兩邊的天鵝乾燥後，在中間擠上些許糖霜為黏著劑，黏合後待其乾燥。

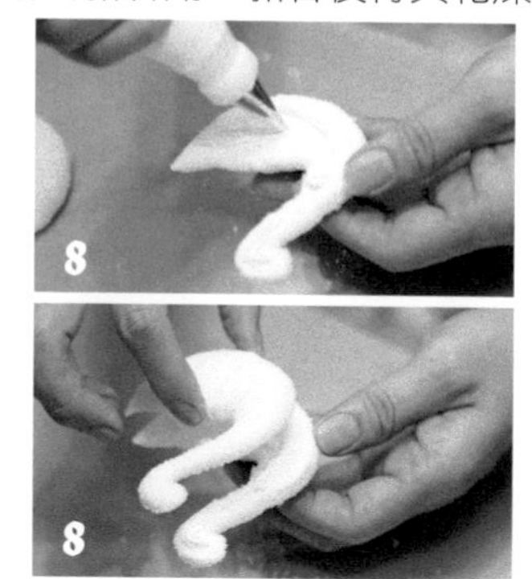

9.

再黏上翅膀。

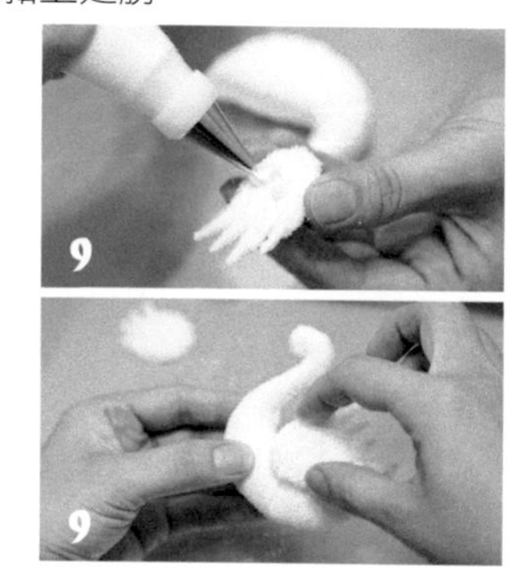

10.

天鵝以糖霜黏於底座上，使天鵝立起來。

11.

乾燥後，以咖啡色的糖霜擠出嘴巴，黃色的糖霜擠於嘴巴外圍。

Tips:
以沾濕的水彩筆修整嘴型。

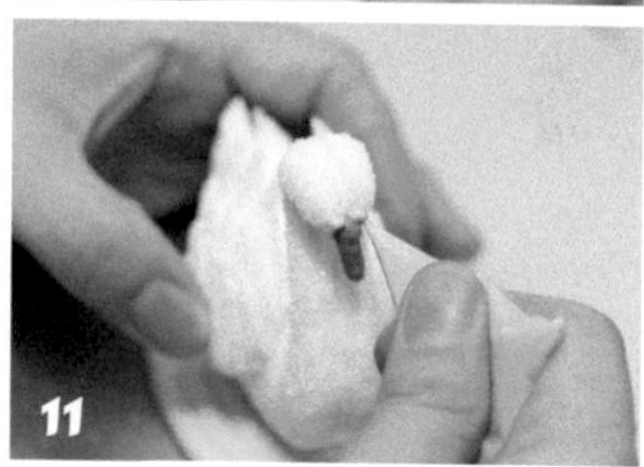

12.

眼睛部分以黃色糖霜擠出圓點；再以黑色糖霜點上眼珠。

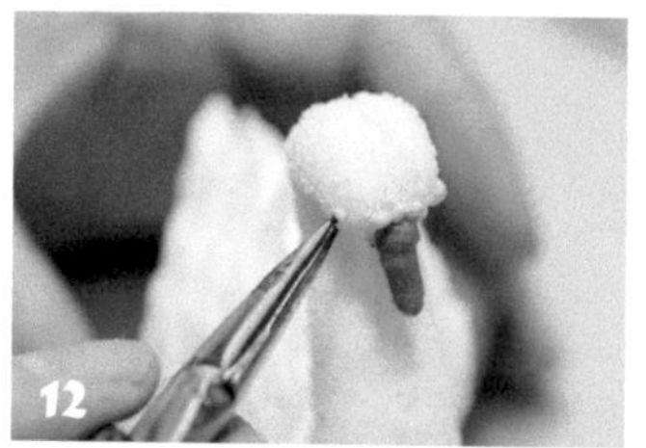

調皮的小貓

（附紙型圖見 189 頁）

材料

- 蛋白糖霜
- 細砂糖（撒於表面）
- 色素：
  粉紅色、黑色、咖啡色、藍色

（各色蛋白糖霜的製作，參考 161 頁）

工具

- 擠花袋
- 使用的花嘴：
  直徑 0.5 公分的瓶口花嘴、1 號、5 號花嘴
- 花嘴轉接頭
- 水彩筆（細）
- 牙籤
- 整型小刀
- 毛筆（細）
- 描圖紙
- 膠帶
- L 型資料夾

作法

紙型

1.

在小貓的紙型上放張描圖紙，用筆描繪出小貓的身體。

2.

描好的描圖紙以膠帶黏住四角，固定在 L 型資料夾中，表面再黏上另張空白的描圖紙。

小貓

3.

白色糖霜填入擠花袋中，接上 0.5 公分的平口花嘴。

4.

依照小貓身體的紙型，由臀部往脖子擠出立體狀。

Tips:
以沾濕的手指修整身形。

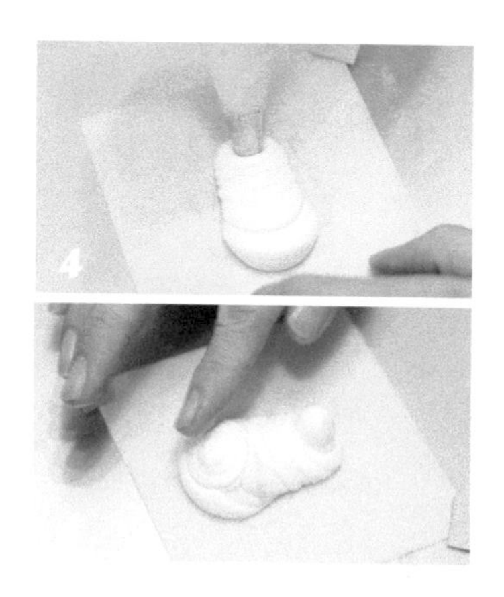

5.

改用 5 號花嘴擠出四肢。

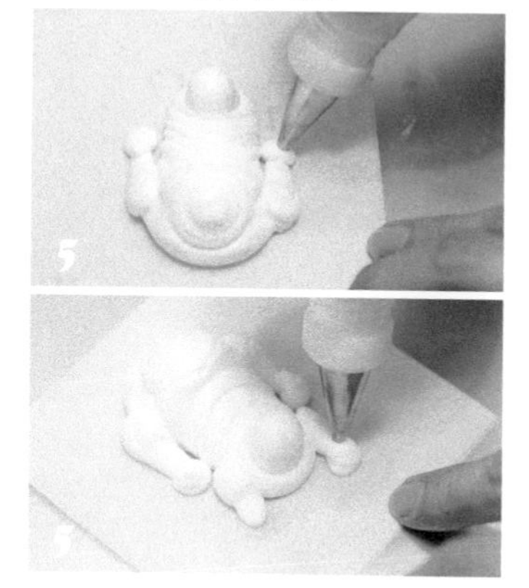

6.

以整型小刀劃出四隻腳掌的紋路。

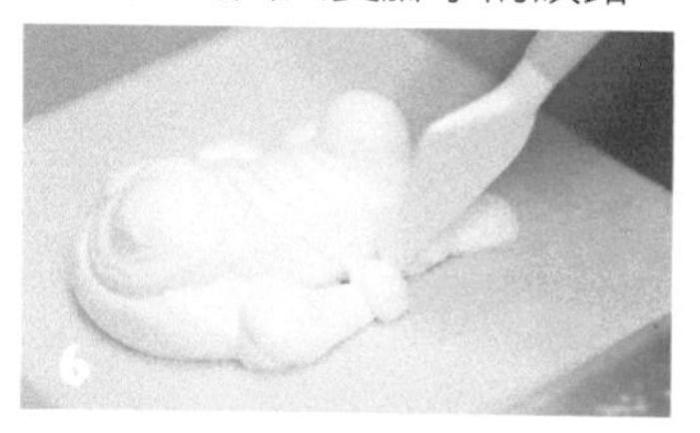

7.

水彩筆以水沾濕，修整形狀。

8.

以 0.5 公分的平口花嘴擠出白色的尾巴。

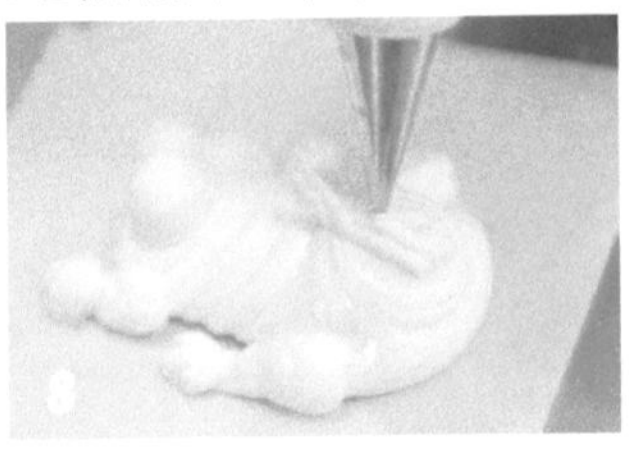

9.

換上 5 號花嘴，在脖子上擠出貓頭。

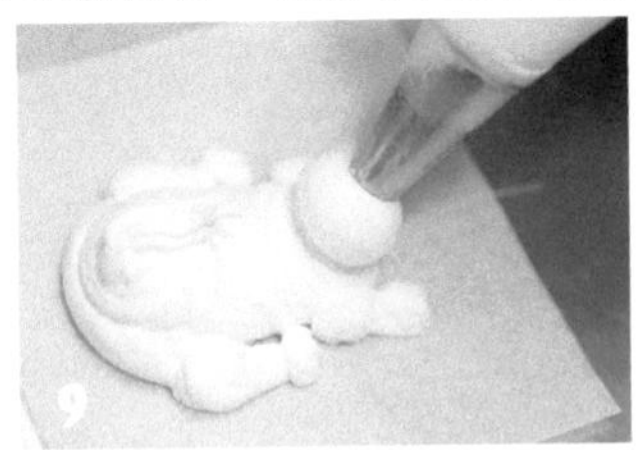

10.

4 號花嘴在臉上擠出三角形為耳朵，再擠出鼻子、嘴巴及鬍鬚，以沾水的水彩筆撫平紋路。

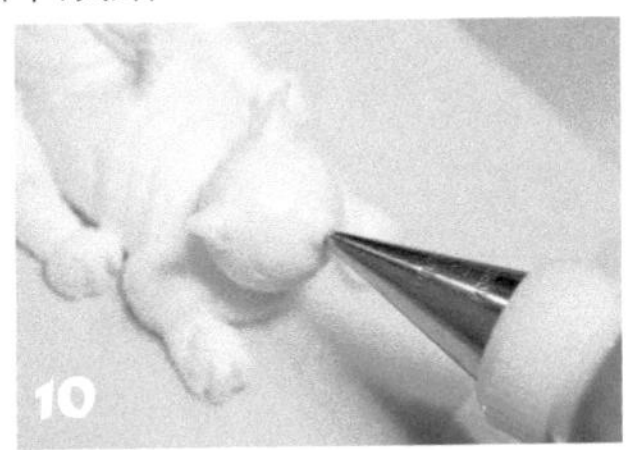

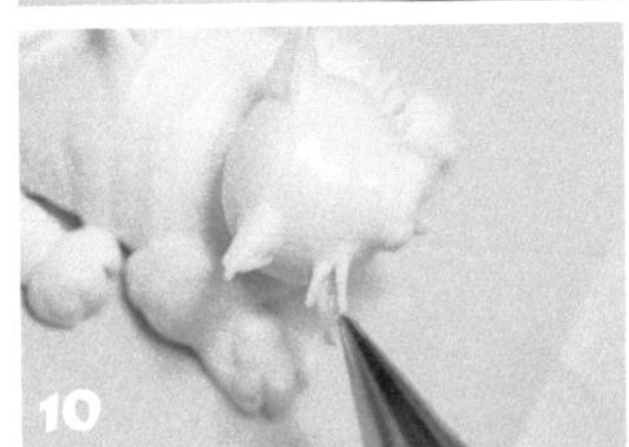

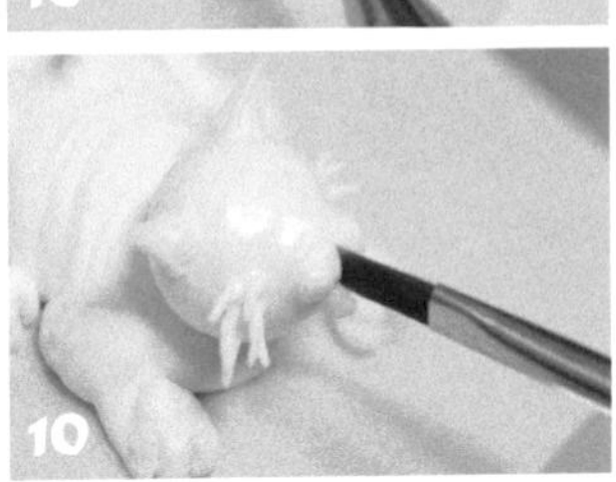

11.

鼻頭以粉色糖霜擠出心型。

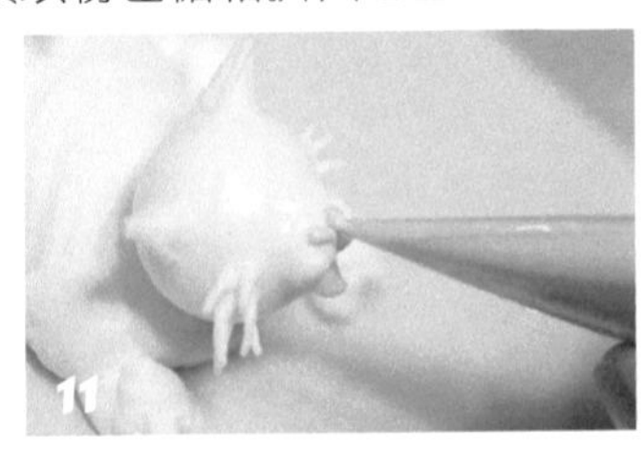

12.

再以 1 號花嘴擠出粉紅色的小舌頭。

13.

眼睛以藍色糖霜點出 2 個圓點，黑色糖霜點出眼珠。

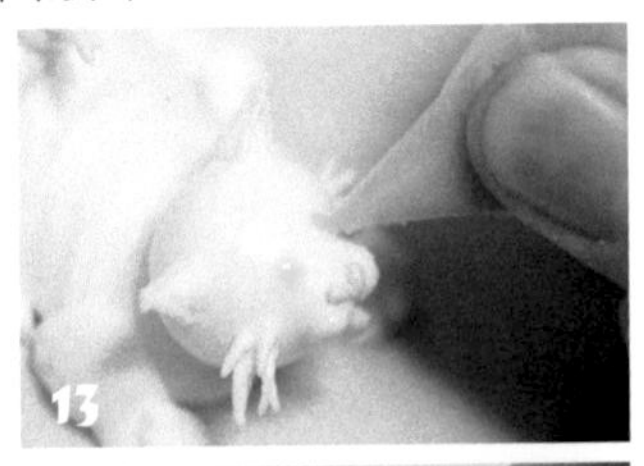

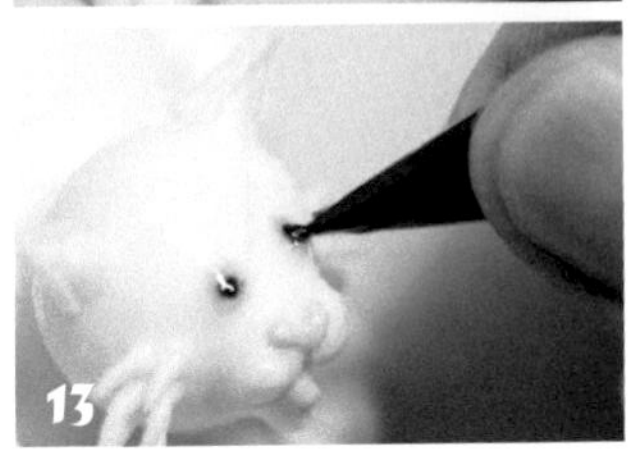

14.

細毛筆沾上咖啡色色膏，畫上眉毛，嘴邊點上斑點，乾燥後即完成。

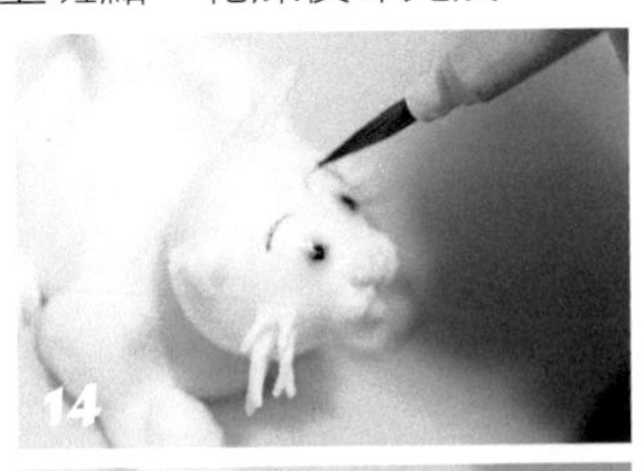

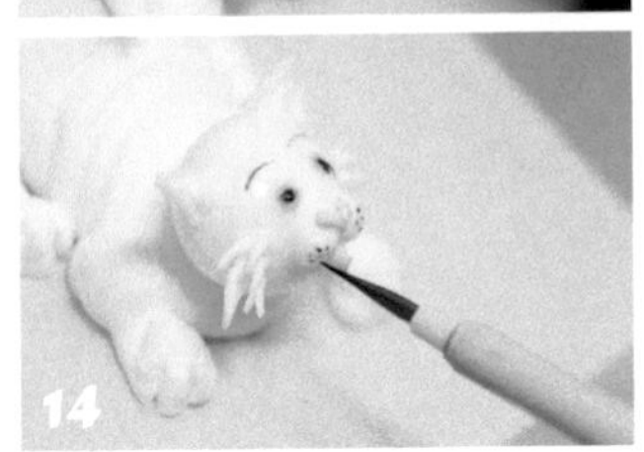

Part 10

| 翻 | 糖 | 類 |

翻糖糖果盒配方
（簡易配方）

材料

- 白色翻糖 500 公克
- 泰樂膠粉 7.5 公克

作法

1.

翻糖與泰樂膠粉揉合均勻成團。

Tips:
若糖團太硬揉不成團，可加入 3 大匙的溫水，待稍微變軟後再揉。

2.

以保鮮膜包裹，再多包一層塑膠袋避免硬掉，室溫下放置一天後使用。

3.

需要有顏色的翻糖時，可調入所需的顏色色膏。

Candy's Note

- 本配方所使用的翻糖為美國惠爾通產品，也可使用明資食品的產品， 或在台北糖藝術工房購得。
- 若是用於蛋糕裝飾的翻糖，目前市面上的烘焙材料店大都有販賣。

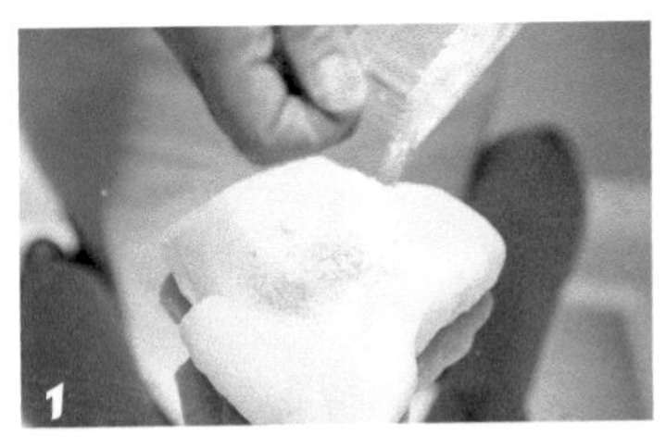
1

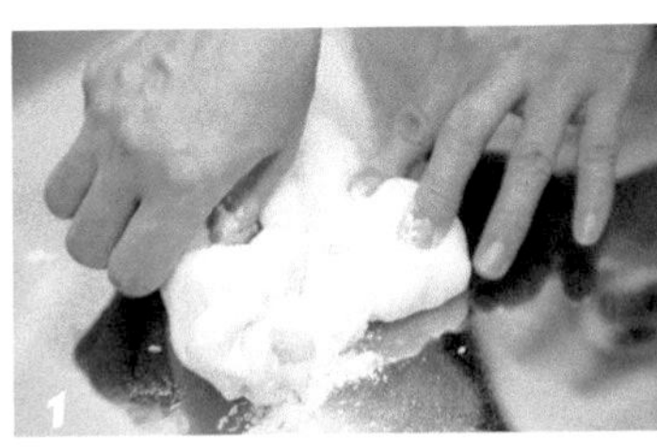
1

1

2

（自製配方）

＊沒有添加泰樂膠粉，可直接用於蛋糕裝飾上。

材料

- 糖粉 880 公克
- 吉利丁片 15 公克
- 葡萄糖漿 135 公克
- 白油 15 公克

作法

1.

容器中放入吉利丁片與冰開水泡軟備用。

2.

取一鍋，倒入葡萄糖漿、作法 1、白油，以隔水加熱的方式讓其溶解。

3.

糖粉過篩後放入容器中，再倒入作法 2 拌合，揉成白色光滑的糖團。

4.

以保鮮膜包裹，放置一晚。

5.

需要有顏色的翻糖時可調入所需的顏色色膏。

Candy's Note

若需要做成糖果盒，則需要另外加入泰樂膠粉（15 公克）與自製的翻糖揉合後放置一晚再使用。

寶貝的鞋子

（附紙型圖見 188、189 頁）

01

材料

- 翻糖 800 公克
- 黃色色膏
- 綠色色膏
- 藍色色膏
- 白色色膏
- 灰色色膏
- 玉米粉適量
- 泰樂膠粉適量
- 水少許

（各色翻糖的製作，參閱 172 頁）

工具

- 紙型
- 剪刀
- 壓花邊工具
- 珍珠板
（厚度約 0.5 ～ 0.6 公分）
- 水彩筆（細）
- 防沾擀麵棍
- 鐵尺
- 工具刀組
- 衛生紙
- 0.5 公分分條器
- 吸管（細）
- 刮板

作法

糖團

1.

準備好各色的糖團，並用保鮮膜包裹，以防止乾燥。

糖盒

2.

珍珠板依紙型裁出圓形。

3.

玉米粉撒於桌面上，防止糖團沾黏。

4.

取 1/3 的白色糖團用擀麵棍擀成約 0.3 ～ 0.4 公分的薄片。

5.

珍珠板刷上水，鋪上作法 4，擀平後以刮板切除多餘的邊為底板。

Tips:
切下的邊可回收再使用。

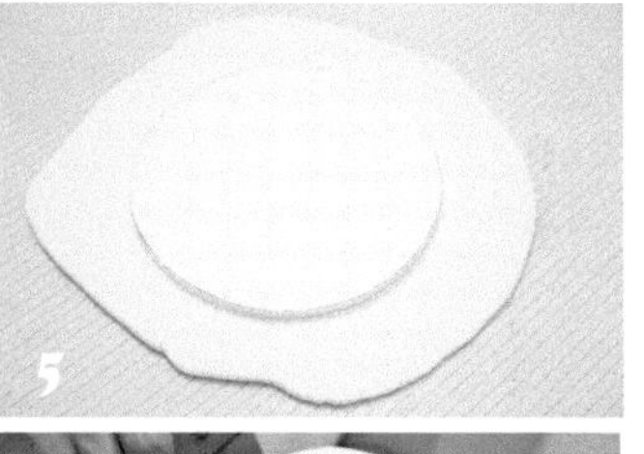

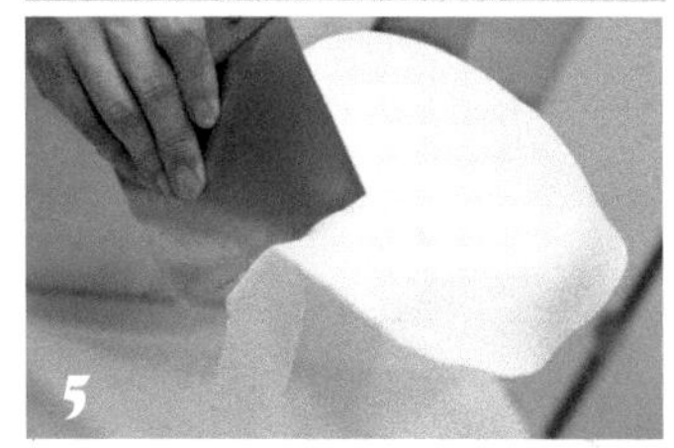

6.

把較小內徑的圓形紙型放在作法 5 的中間，以工具刀輕輕劃出印記。

7.

取一塊白色糖團，擀長為糖盒的圍邊，裁切修邊，長度為可圍住內圈為主，高度 4.5 公分。

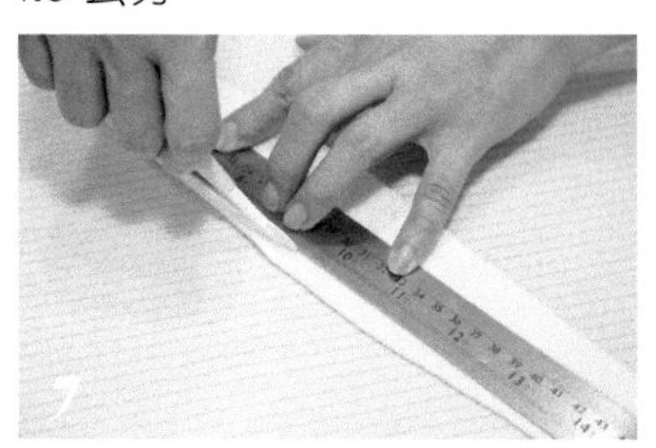

8.

泰樂膠粉加入水拌勻後為黏著劑。

9.

圍邊以黏著劑黏在糖盒的底板上。

10.

糖蓋部分以白色糖團擀成 0.5 公分的厚度，大小與底板相同。

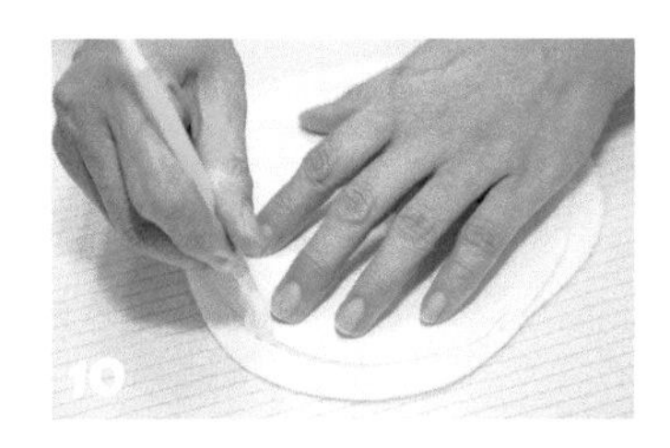

鞋子

11.

將鞋型的圖案紙板剪下。

12.

灰色糖團擀平鋪在鞋底和鞋頭的紙板上，以工具刀切下圖形，邊緣壓上花邊。

13.

剩餘的灰色糖團作為鞋後拉帶與圍邊。

14.

藍色糖團擀平後，鋪在鞋身及鞋舌的紙板上，依形狀裁下。

15.

鞋身的邊緣依紙型的圖案，以工具刀劃上虛線，再用吸管鑽 6 個洞；鞋舌的上邊緣壓出花邊。

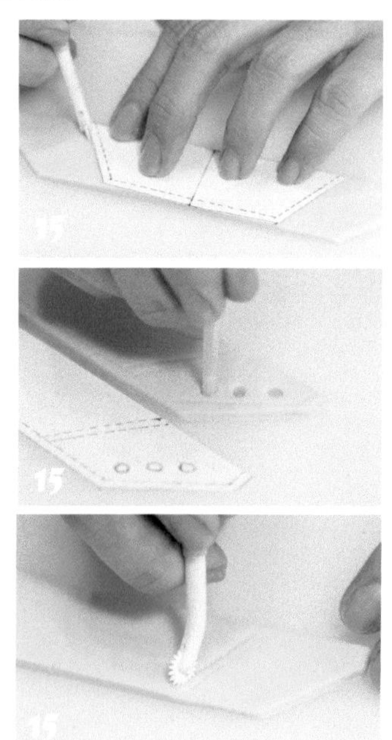

16.

鞋舌以黏著劑黏在鞋底前端，內部塞入衛生紙撐起。

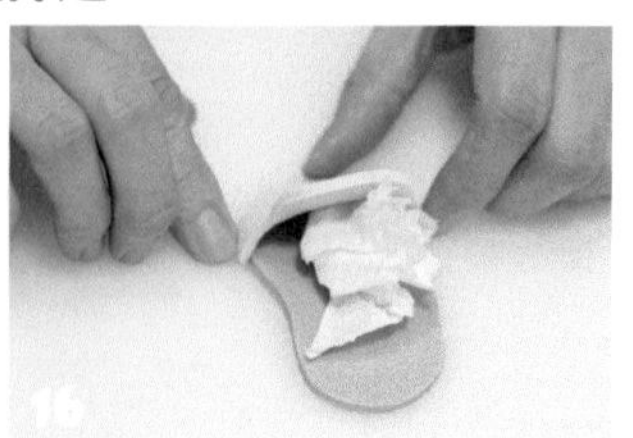

17.

黏上鞋身及圍邊。

Tips:
黏時需注意，圍邊的接縫處要在後面。

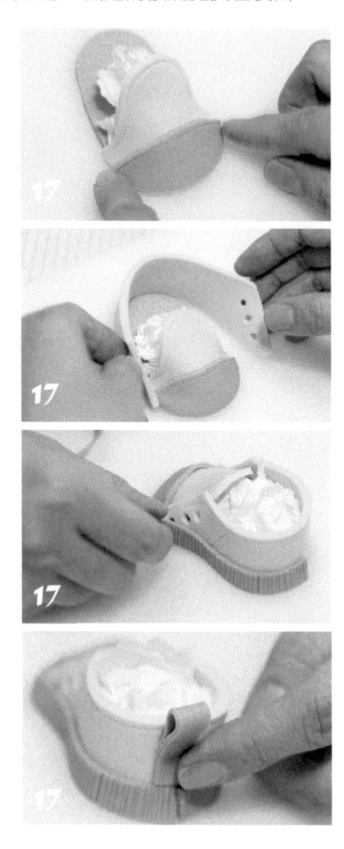

18.

鞋帶以白色糖團擀薄，用 0.5 公分的分條器裁切成條狀。

19.

鞋帶黏於鞋身的洞上。

20

鞋帶上的蝴蝶結另外做好再黏上。

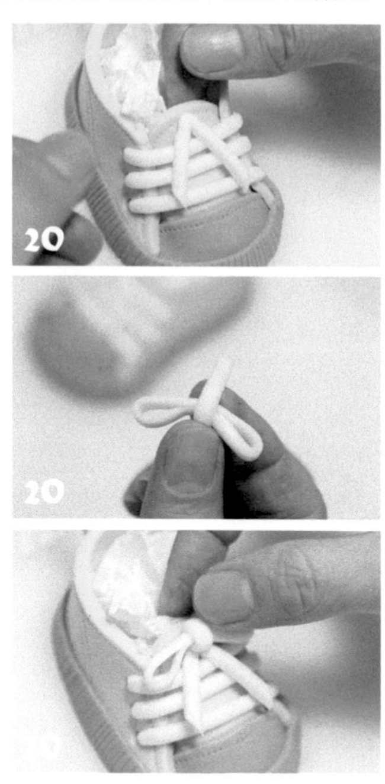

組合

21.

鞋子乾燥後將其黏在糖蓋上。

22.

取黃、綠、藍的糖團搓揉為大小不一的圓球，放置在室溫下乾燥。

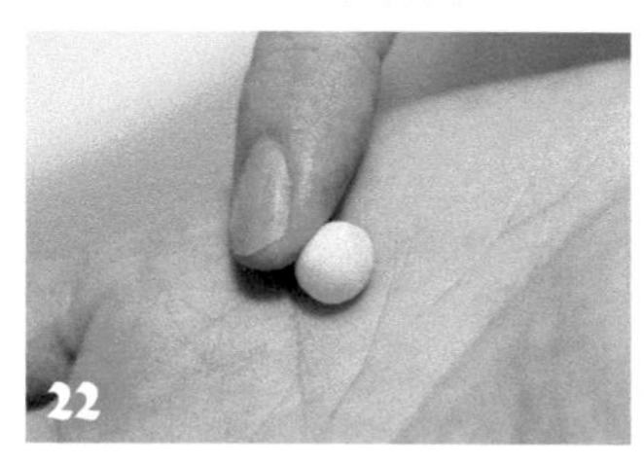

23.

最後把大小圓球黏在糖蓋上作為裝飾。

小熊的婚禮

（附紙型圖見 188 頁）

02

材料

- 翻糖 800 公克
- 粉紅色色膏
- 咖啡色色膏
- 黑色色膏
- 紅色色膏
- 黃色蛋白霜
- 玉米粉適量
- 泰樂膠粉適量
- 水少許

（各色翻糖的製作，參閱 172 頁）

工具

- 紙型
- 工具刀組
- 剪刀
- 花邊壓模工具（牡丹花、貝殼、小花）
- 水彩筆（細）
- 珍珠板（厚度約 0.5 ～ 0.6 公分）
- 花嘴
- 擠花袋
- 緞帶一條（深紅色）
- 波浪板
- 塑膠刀
- 牙籤
- 圓形模框（波浪狀）
- 銀粉
- 丸型工具
- 刮板

作法

糖團

1.

準備好各色的糖團，並用保鮮膜包裹，以防止乾燥。

糖盒

2.

珍珠板依圓形紙型裁出，此為糖盒底部。

3.

取 1/3 的粉色糖團，以擀麵桿擀成約 0.3 ～ 0.4 公分的薄片。

4.

圓形珍珠板刷水鋪上作法 3，壓平後以刮板切除多餘的邊為底板。

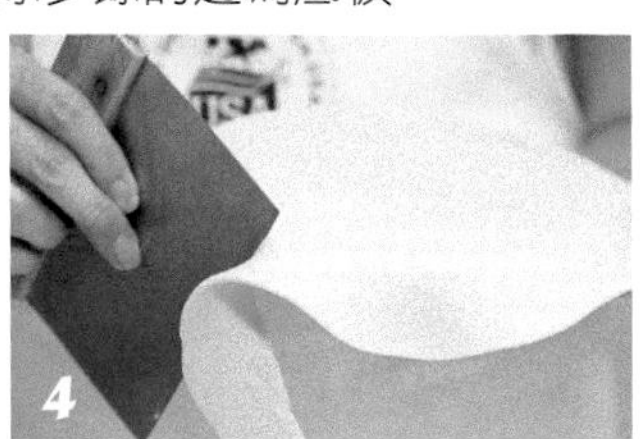

5.

取花形壓模（牡丹花）在底板邊緣重覆壓出花紋。

Tips:
壓花紋時，可以重疊壓，且方向不用相同。

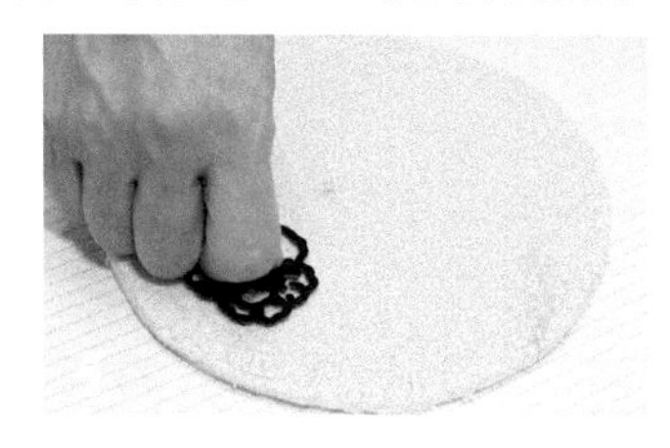

6.

再將小的心型紙形放在底板的正中間，以塑膠刀輕輕劃出印記。

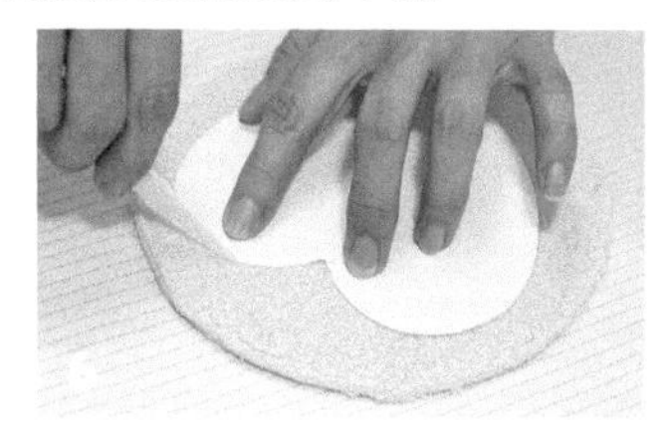

7.

取一塊粉紅色糖團擀長，做為糖盒的圍邊，以鐵尺與塑膠刀修整邊緣，使其為平整的長條形。

8.

圍邊的長度以可圍住心型為主，寬度約4.5 公分，以黏著劑黏於底板上。

Tips:
泰樂膠粉加入水拌勻為黏著劑。

9.

底板側邊黏上緞帶；底板與心型的黏縫處，以花嘴擠出白色糖團的花邊為裝飾。

10.

底板的邊緣刷上銀粉。

11.

粉色糖團擀平，厚度約 0.5 公分，鋪在大心型的珍珠板下，以塑膠刀切除掉多餘的粉色糖團（切下的邊回收使用）。

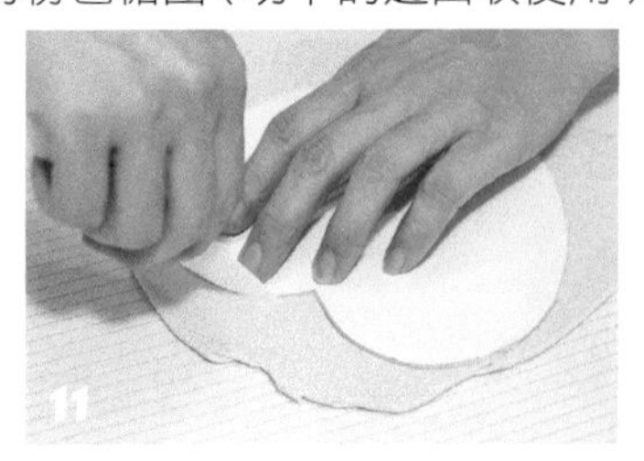

12.

貝殼型的壓花邊工具壓在心型表面的邊緣，為糖盒的蓋子。

13.

取少許白色糖團與些許紅色色膏搓揉均勻，擀平後以壓花模形壓出小花片，約壓 30 片。

14.

小花片放在波浪板上，讓其呈現凹凸狀，備用。

男生小熊

15.

咖啡色糖團搓揉成水滴狀，為身體。

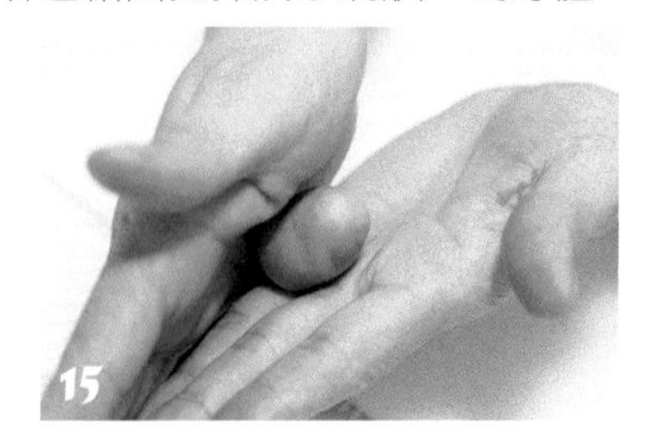

16.

揉成長水滴狀，尾端向上折，修整成圓弧狀，為熊的下肢。

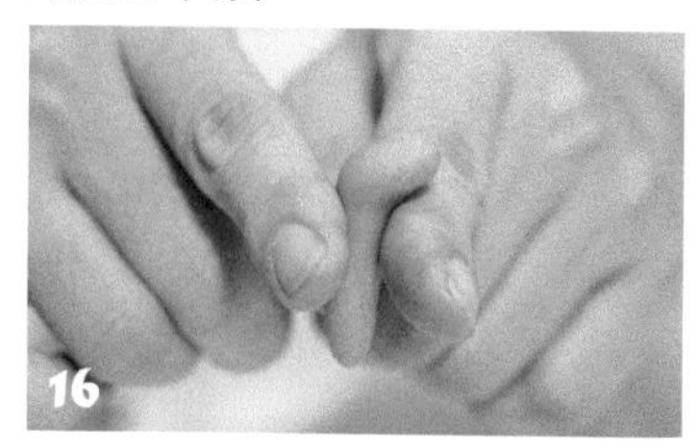

17.

揉成長水滴狀，為熊的上肢。

18.

揉成圓球狀為熊頭。

19.

搓成橢圓形，捏成兩側薄，中間凹的形狀，為熊鼻子。

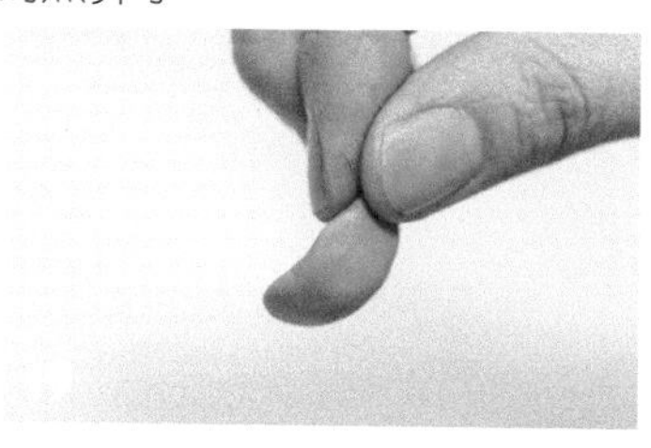

20.

用塑膠刀從身體中間直壓一刀。

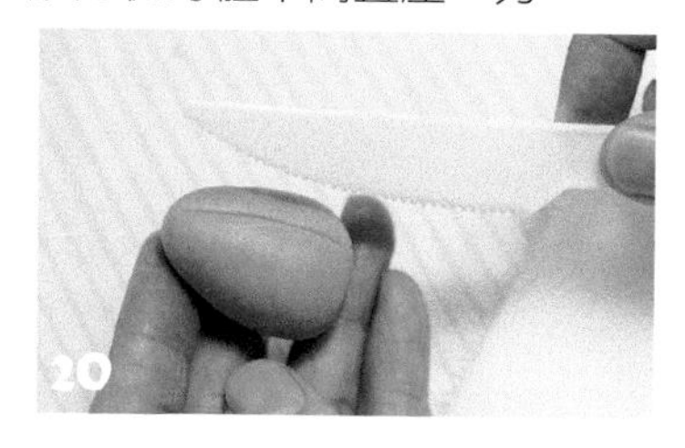

21.

牙籤輕戳身體，呈現似絨毛娃娃般外型。

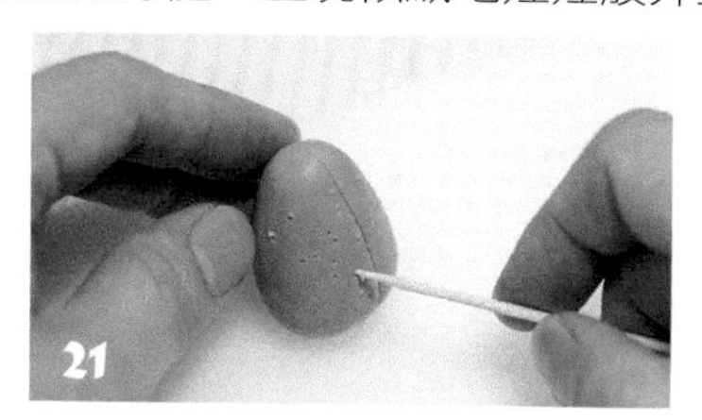

22.

從身體頂端插入一根牙籤。

Tips:
因熊頭過重，需要用牙籤作為支撐。

23.

熊下肢的前端需壓扁，沾上黏著劑黏於身體底部，再用牙籤輕戳。

Tips:
壓扁前先量一下身體底部的長度再壓。

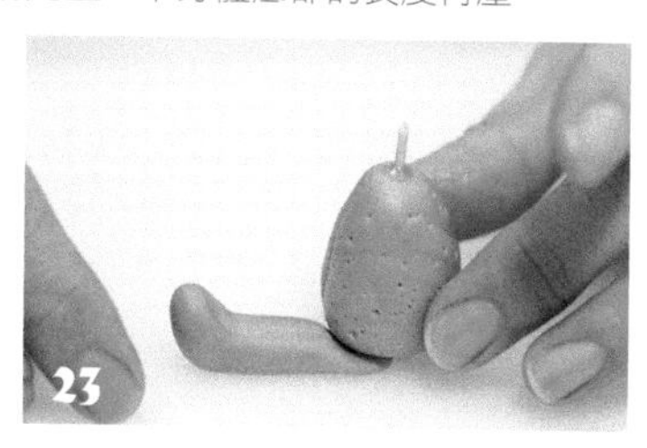

24.

熊下肢用黏著劑黏在身體上，再以牙籤輕戳。

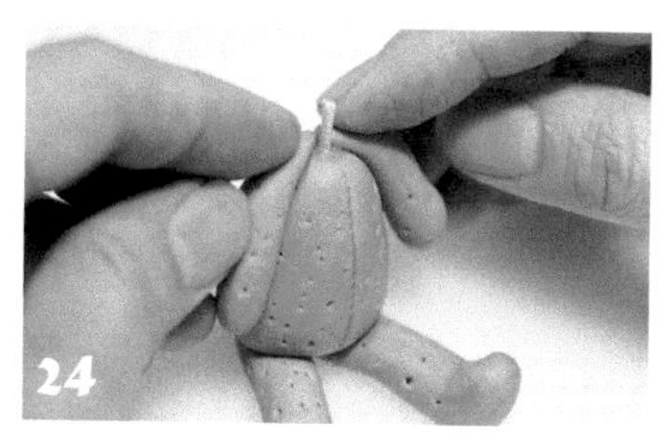

25.

身體頂端的牙籤塗上黏著劑，插入熊頭，並用牙籤在頭上輕戳。

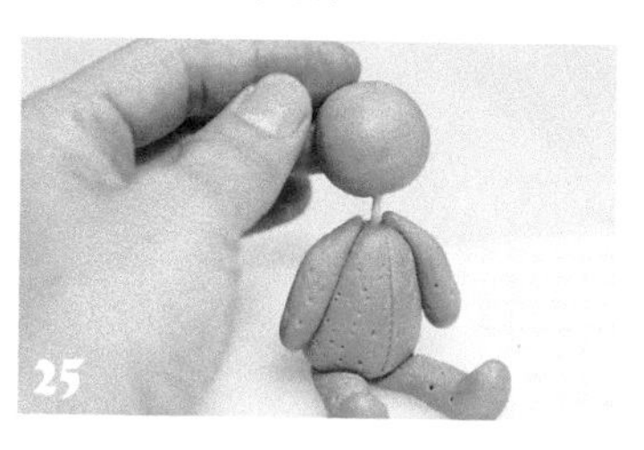

26.

搓揉 2 個小圓球，輕輕壓扁後即為熊的耳朵。

27.

在頭上找出要擺上耳朵的位置，以工具刀輕戳 2 個小洞。

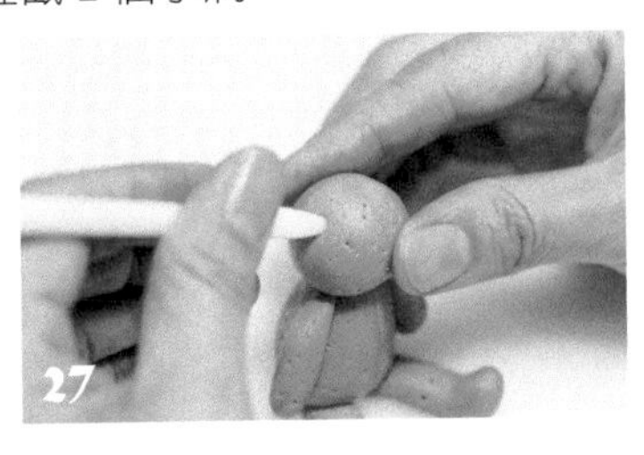

28.

耳朵沾上黏著劑，以工具刀鑲入熊頭的耳朵洞中。

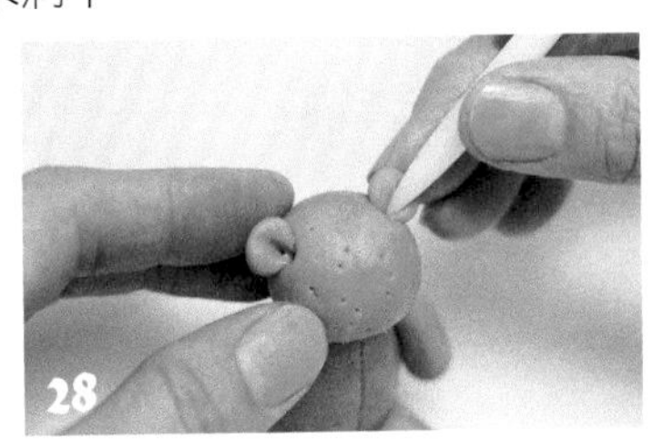

29.

用丸形工具將熊頭上挖 2 個洞，為眼睛。

30.

熊鼻的一面塗上黏著劑，黏於熊臉上。

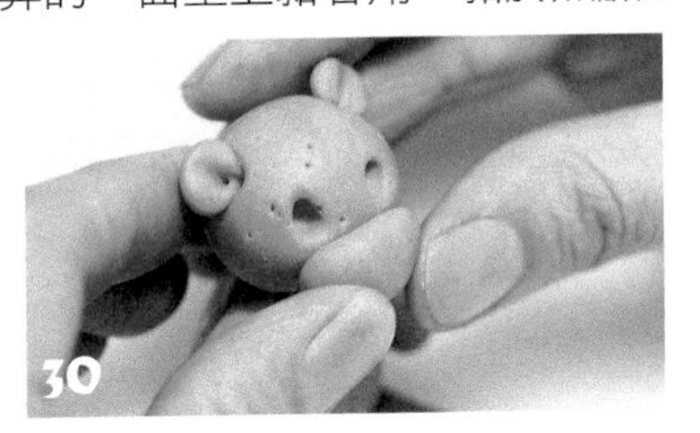

31.

以割刀從鼻子中間劃下，杏仁刀割出微笑的嘴巴。

32.

取少許深咖啡色糖團，捏成有點弧度的三角形，做為小熊的鼻頭，塗上黏著劑黏於鼻子上。

33.

深咖啡色糖團搓成橢圓，壓扁後即為熊的下肢腳掌，塗上黏著劑黏於腳底。

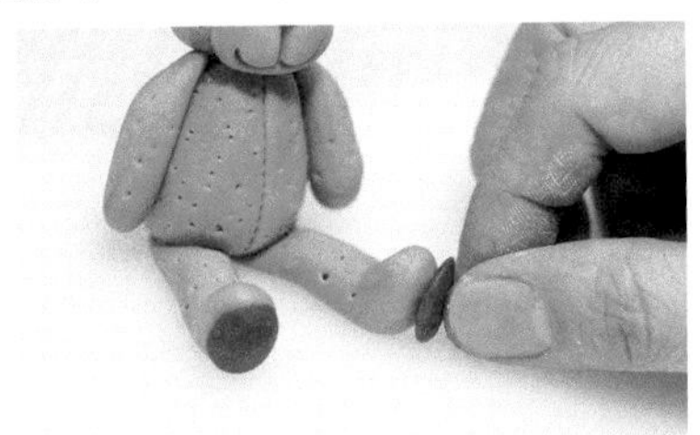

34.

取少許的黑色糖團搓揉成小圓形，稍壓扁後作為眼珠，塗上黏著劑黏於眼睛的凹洞中。

35.

黑色糖團搓揉出小圓形與倒三角形，將小圓形壓扁後與倒三角形組合為帽子，黏於頭頂上。

36.

搓揉些許的紅色糖團為長條狀，把它摺成蝴蝶結的形狀，黏於小熊身體上。

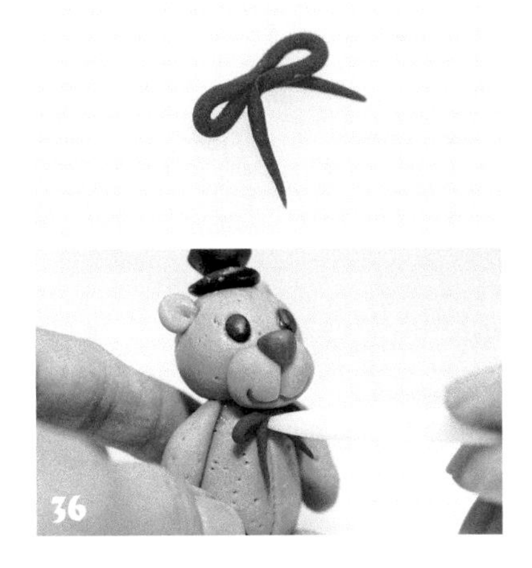

女生小熊

（女生小熊的身體及四肢作法與男生小熊相同，以下步驟不再多加贅述）

37.

少許的紅色糖團擀平後捲起，作為玫瑰花，玫瑰花的下端捏尖黏和，再剪下黏合處，需 3 ～ 4 朵。

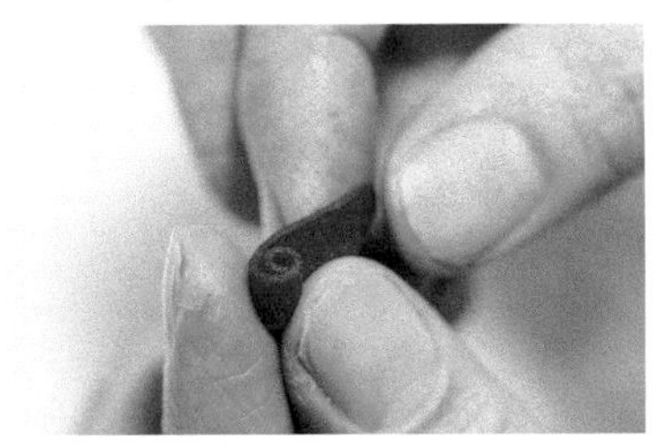

38.

部分白色糖團擀薄，用圓形模框壓出波浪狀為頭紗。

39.

頭紗一邊摺成皺褶狀，將其捏緊後再打開，把它黏於小熊的頭頂上。

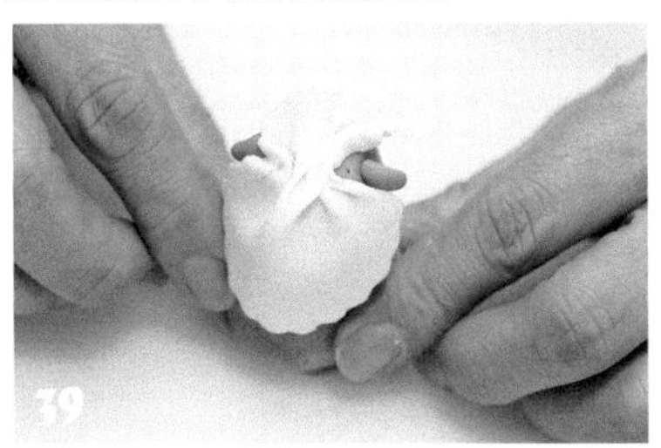

40.

頭紗上塗上黏著劑，黏上數朵玫瑰花作為裝飾。

41.

白色糖團擀薄，用剪刀修邊，測量小熊的身體寬度，以能圍繞一圈為主為婚紗。

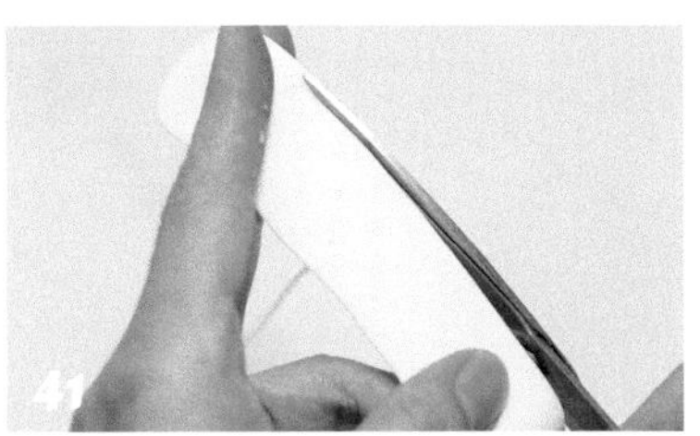

42.

婚紗的 2/3 寬度以工具壓出皺摺紋路，作為裙擺的波浪。

43.

完成後的婚紗以黏著劑黏在身體上，婚紗的接縫處也以黏著劑黏合。

Tips:
接縫處需在後面，且要留點裙襬蓋住腳。

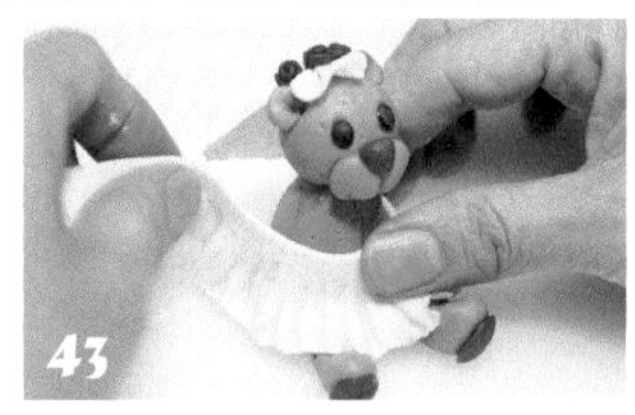

44.

取少取的白色糖團，擀薄修整後為小熊的腰帶，黏於婚紗上。

45.

最後再黏上小熊的手。

Tips:
可用衛生紙固定位置，以免小熊不穩倒下。

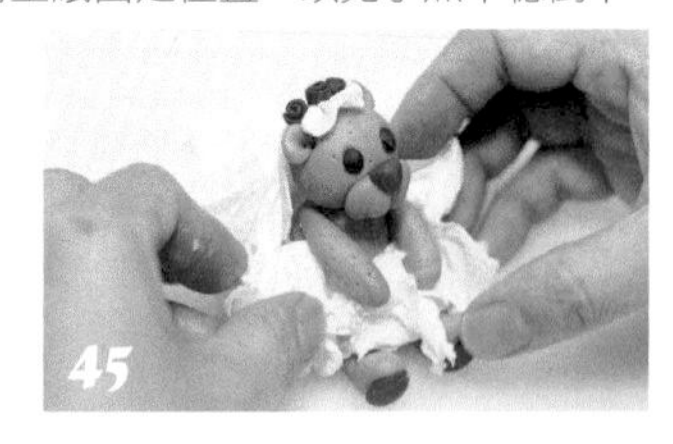

46.

取少許紅色糖團，一端搓圓一端捏尖，用工具從圓那端的中間下壓，為一顆愛心。

47.

愛心黏於小熊手上。

組合

48.

男女小熊放置室溫下乾燥後，以黏著劑黏於糖蓋上。

49.

小花片黏於蓋子上，花朵中間擠上黃色蛋白糖霜為花心。

50.

蓋子邊緣刷上銀粉，2 隻小熊以細毛筆沾少許咖啡色色膏畫上眉毛，待全部乾燥後再蓋於糖盒上。

Tips:
由於台灣氣候較潮濕，建議可用除濕機讓糖盒作品較快乾燥。

風信子

（附紙型圖見 188 頁）

材料

- 翻糖 700 公克
- 黃色色膏
- 綠色色膏
- 紫色色膏

（各色翻糖的製作，參閱 172 頁）

- 玉米粉適量
- 泰樂膠粉適量
- 水少許

工具

- 紙型
- 剪刀
- 壓花邊工具
- 珍珠板

（厚度約 0.5 ～ 0.6 公分）

- 水彩筆（細）
- 花嘴
- 擠花袋
- 防沾擀麵棍
- 鐵尺
- 工具刀組
- 衛生紙
- 刮板

作法

糖團

1.

準備好各色的糖團，並用保鮮膜包裹，以防止乾燥。

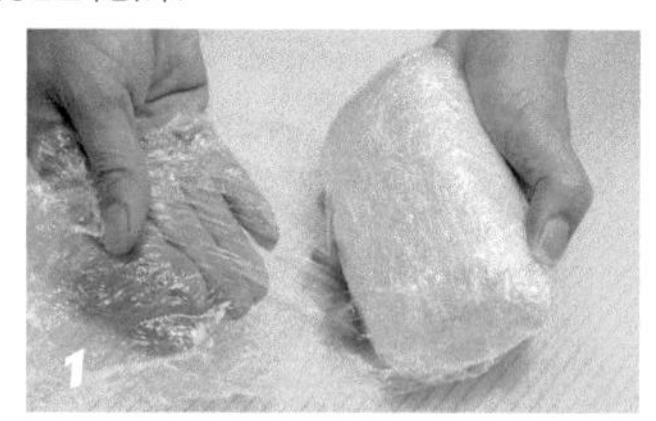

盒子

2.

珍珠板依紙型裁出橢圓形。

3.

防止糖團沾黏桌面，先撒上玉米粉。

4.

取 1/3 的黃色糖團，用擀麵棍擀成約 0.3 ～ 0.4 公分的薄片。

5.

珍珠板表面刷上水，鋪上作法 4，擀平後以刮板切除多餘的邊為底板。

Tips:
切下的邊可回收再使用。

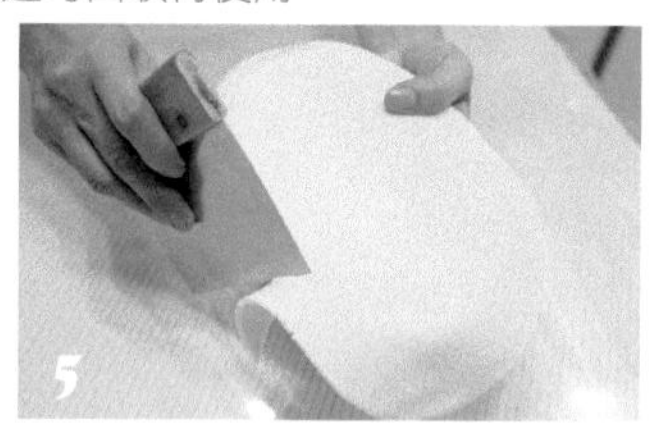

6.

把較小內徑的橢圓形紙型放置作法 5 的中間，以工具刀輕輕劃出印記。

7.

作法 6 的邊緣以花邊鑷子夾夾出花邊。

8.

取一塊黃色糖團，擀長為糖盒的圍邊，長度為可圍住內圈為主，高度 4.5 公分，以工具刀修整為長方形。

9.

泰樂膠粉加入水拌勻後為黏著劑。

10.

作法 8 以黏著劑黏在底板上。

11.

糖蓋部分以黃色糖團擀成 0.5 公分的厚度，大小與底板相同。

12.

糖蓋的邊緣一樣用花邊鑷子夾出花邊。

裝飾的花朵與葉子

13.

紫色糖團擀成薄片，以小花模型壓出花片，約壓出 50 片小花片。

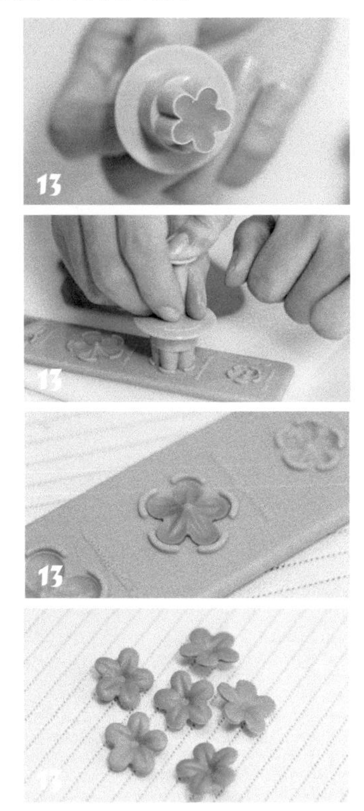

14.

綠色糖團擀成薄片，以工具刀隨意劃出 3 片葉子的形狀，再劃上葉脈。

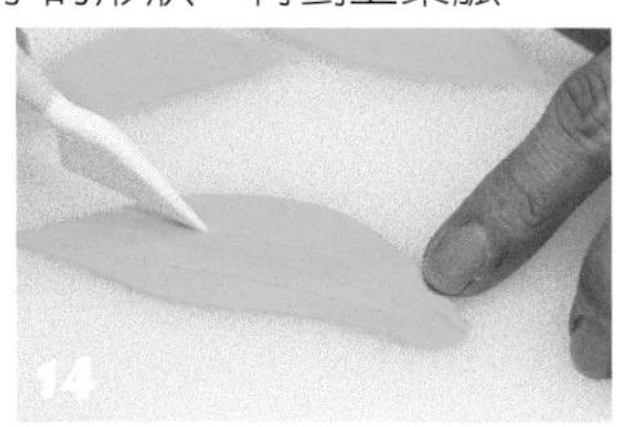

15.

扭轉葉子的外型，讓其看起來有些變化。

組合

16.

葉片塗抹上黏著劑黏於糖蓋上。

Tips:
以衛生紙先撐住縫隙，避免塌下，待乾燥後再取出。

17.

紫色小花片以重疊的方式黏於糖蓋上，貼出風信子的外型。

18.

小花片以白色糖霜點於中間為花心。

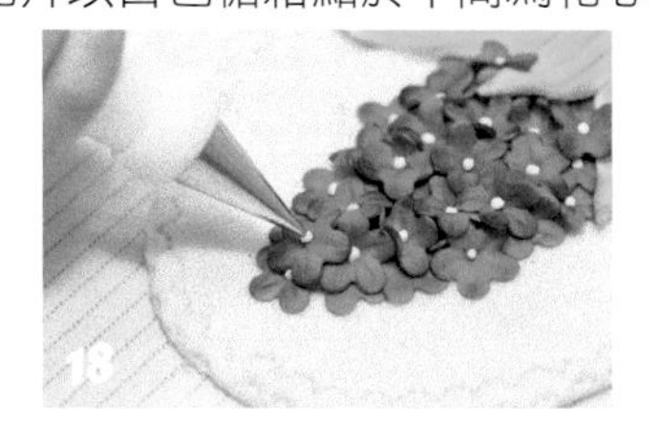

紙型

請影印放大 150%

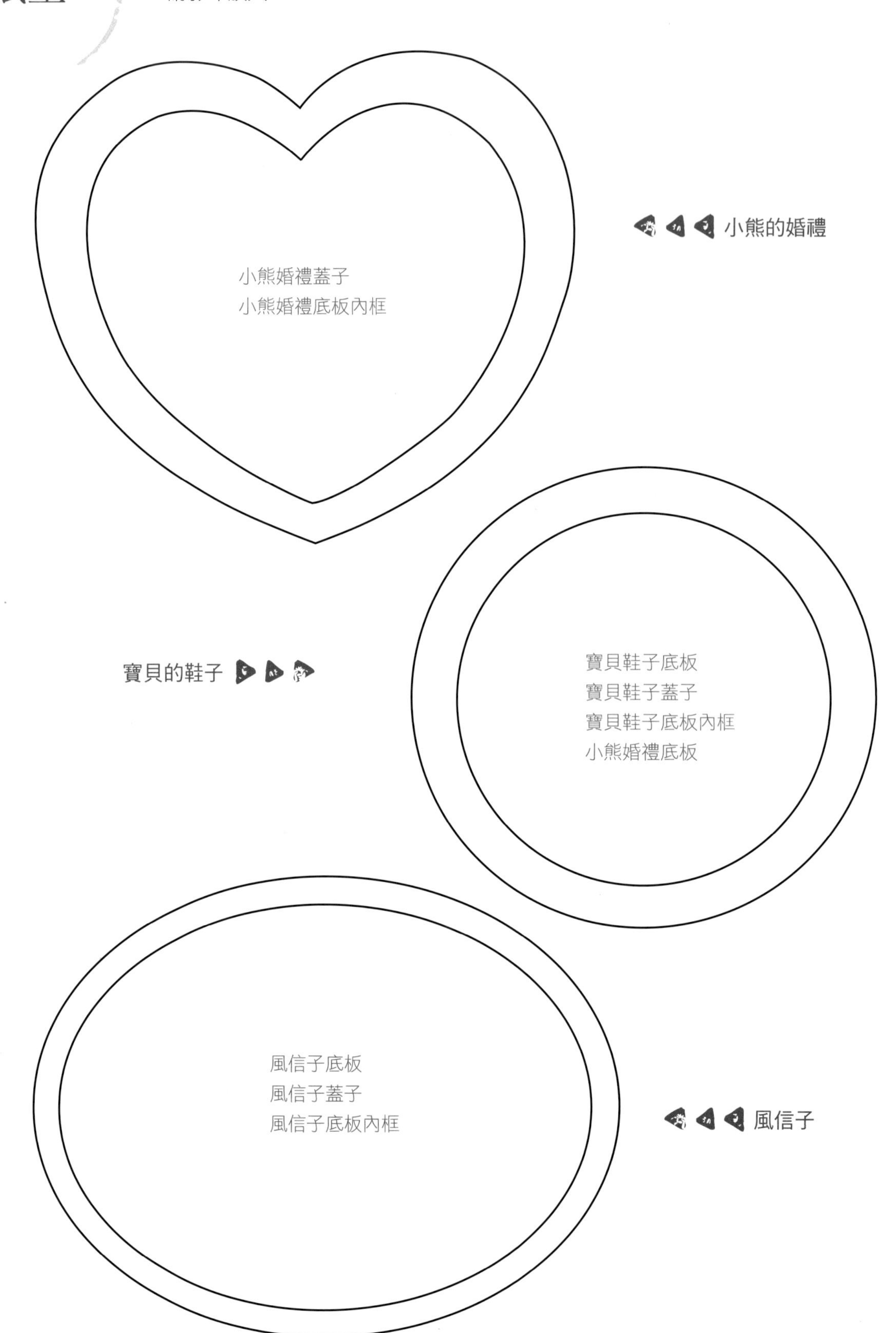

小熊的婚禮
小熊婚禮蓋子
小熊婚禮底板內框
寶貝的鞋子
寶貝鞋子底板
寶貝鞋子蓋子
寶貝鞋子底板內框
小熊婚禮底板
風信子底板
風信子蓋子
風信子底板內框
風信子

請影印放大 130%

寶貝的鞋子

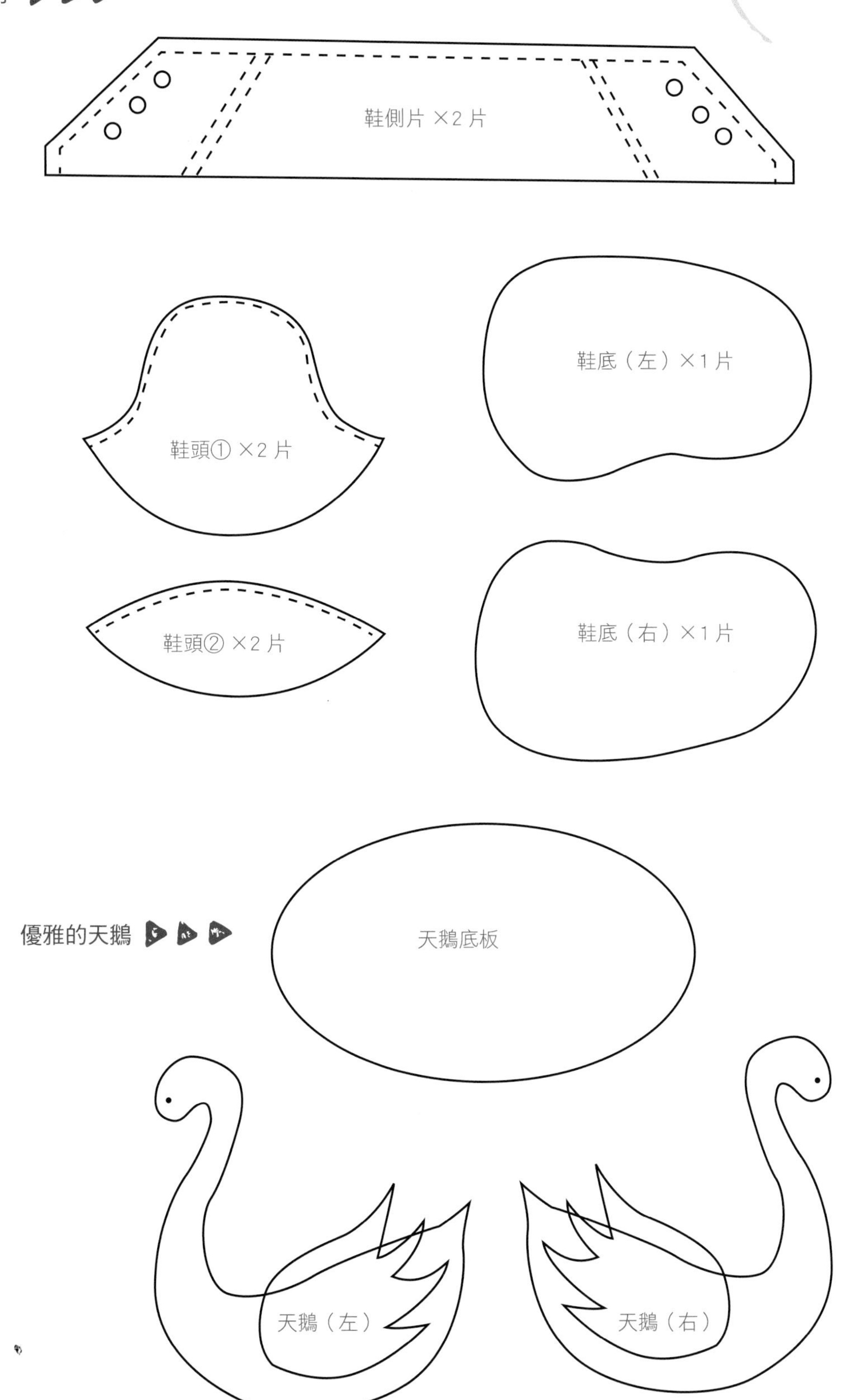

優雅的天鵝

紙型

請影印原尺寸 100%

憨厚的大牛

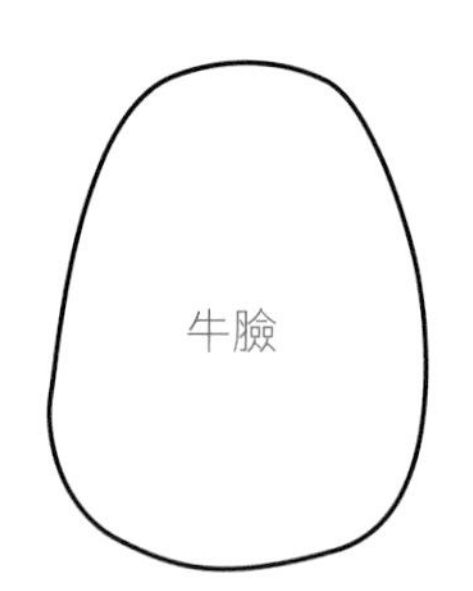

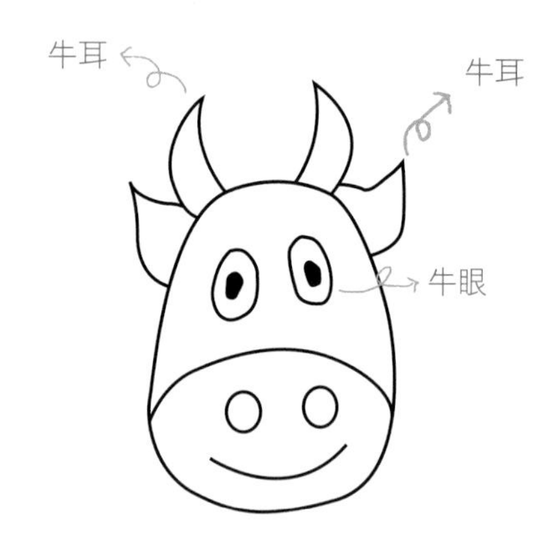

牛嘴

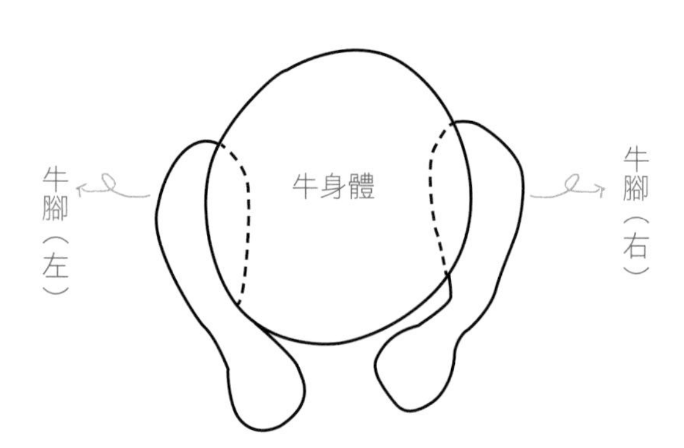

調皮的小貓

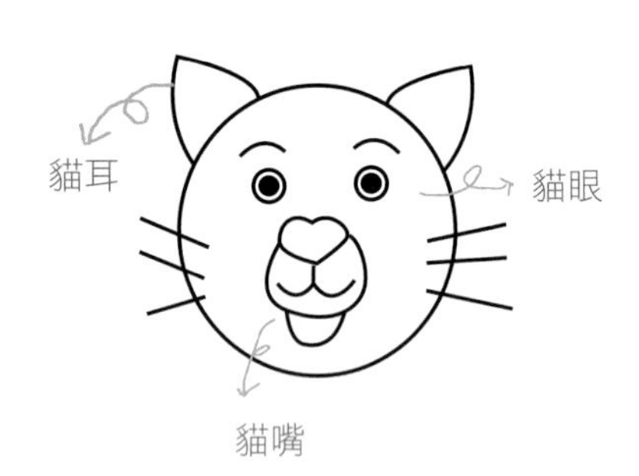

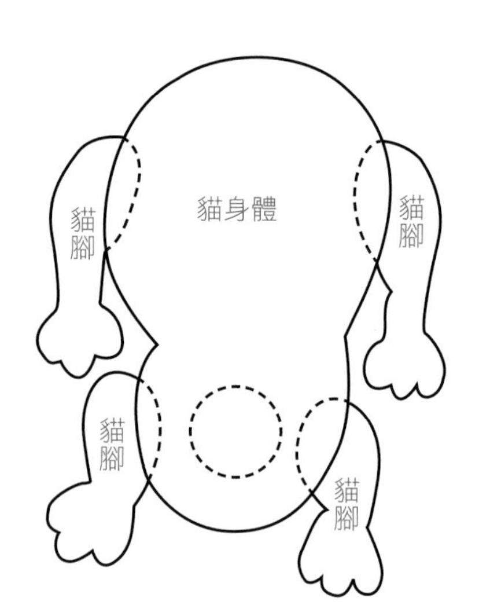

製作糖果時的常見問題 Q&A

Q：煮糖時需要攪拌嗎？

A：不需要。因為攪拌較易使糖漿翻砂，尤其製做酥糖類的糖果時，因為糖漿較少，若在煮時常攪動更易翻砂。

Q：如何降低糖果的甜度？

A：可將原配方細砂糖的量一半或全部改成海藻糖（海藻糖的甜度為細砂糖的一半），或檢視配方中的堅果量，可多增加堅果的使甜度降低。

Q：為何使用新鮮蛋白做出來的糖團有時候會較黃？

A：使用新鮮蛋白做糖果，在沖糖漿時速度不能太快，否則易使完成的糖團有較黃的問題產生。

Q：怎樣調整糖果的軟硬度？

A：每支溫度計所量的溫度都不太相同，誤差值可能 2 ～ 3℃，曾有學生的溫度計與我的同測，誤差甚至高達 6℃。「煮糖的溫度冬天和夏天不一樣」，最好依自己的溫度計做記錄，在煮糖前先測當天室溫，之後煮糖煮到自己所設定的溫度，完成品口感軟硬度若是符合所需，下次就在相同室溫時煮糖漿。

以溫度計測到的溫度為基礎，當室溫約降 2℃，煮糖溫度就降 1℃；若室溫升 2℃，煮糖溫度即升 1℃，以此基礎判斷今天要煮糖漿的溫度。但若不是每天製作，溫度即需要重新測量（因為溫度和空氣中的濕度會影響糖果的軟硬度）。

以下是我這一兩年所測試的紀錄

- **2011 年**

11 月 13 日（陰天）室溫 25℃→糖溫煮到 130℃（軟硬度剛好）

12 月 01 日室溫 24℃→糖溫煮到 130℃（軟硬度剛好）

12 月 12 日室溫 22℃ →糖溫煮到 128℃（軟硬度剛好）

12 月 26 日（雨天）室溫 19℃→糖溫煮到 127℃（有點軟）

- **2012 年（這一年的糖溫都要調高否則太軟）**

02 月 01 日室溫 24℃→糖溫煮到 136℃（軟硬度剛好）

02 月 10 日室溫 22℃→糖溫煮到 135℃（軟硬度剛好）

02 月 15 日室溫 20℃→糖溫煮到 133℃（軟硬度剛好）

02 月 20 日室溫 18℃→糖溫煮到 132℃（軟硬度剛好）

02 月 28 日室溫 17℃→糖溫煮到 131℃（軟硬度剛好）

12 月 26 日室溫 20℃→糖溫煮到 128℃（太軟）；第二鍋糖溫煮到 132℃（軟硬度剛好）

- **2013 年**

5 月 10 日室溫 24℃→糖溫煮到 137℃（軟硬度剛好）

5 月 24 日室溫 28℃→糖溫煮到 142℃（軟硬度剛好）

Tips: 配方中的奶油量多會使糖果較軟，可將奶油量減少，奶粉增加做調整。

Q：糖果裁切的溫度是如何？

A：最適合裁切的溫度是「微溫」，或剛好冷卻（觸摸時已沒有熱度）。常見學生將成品從早放到晚或隔天才切，不論用傳統糖果刀或新式裁糖刀都需要增加手腕的力量而切得更費力；而台灣的氣候潮濕也會使糖果表面潮濕產生黏液，建議，在糖微溫時或剛好冷卻沒有熱度時切割。

Popularity Candy

一學就會!
60款人氣糖果
輕鬆做出甜蜜好味道

書　　名　一學就會！60款人氣糖果：輕鬆做出甜蜜好味道
作　　者　陳佳美、許正忠

再版製作　莊旻嬑（編輯）、羅光宇（美編）
編　　輯　吳孟蓉
美　　編　劉旻旻
攝 影 師　楊志雄

發 行 人　程顯灝
總 編 輯　盧美娜
美術設計　博威廣告
製作設計　國義傳播
發 行 部　侯莉莉
印　　務　許丁財
法律顧問　樸泰國際法律事務所許家華律師

藝文空間　三友藝文複合空間
地　　址　106台北市安和路2段213號9樓
電　　話　（02）2377-1163

出 版 者　橘子文化事業有限公司
總 代 理　三友圖書有限公司
地　　址　106台北市安和路2段213號9樓
電　　話　（02）2377-4155、（02）2377-1163
傳　　真　（02）2377-4355、（02）2377-1213
E-mail　service@sanyau.com.tw
郵政劃撥　05844889 三友圖書有限公司

總 經 銷　大和書報圖書股份有限公司
地　　址　新北市新莊區五工五路2號
電　　話　（02）8990-2588
傳　　真　（02）2299-7900

二版一刷　2023年12月
定　　價　新臺幣380元
ISBN　978-626-6062-62-9（平裝）

國家圖書館出版品預行編目（CIP）資料

一學就會！60款人氣糖果：輕鬆做出甜蜜好味道／陳佳美、許正忠作. -- 初版. -- 臺北市：橘子文化, 2013.11
面；　公分
ISBN 978-986-6062-62-9（平裝）

1.CST: 點心食譜 2.CST: 糖果

427.16　　102021447

三友官網

三友 Line@